设计必修课

室内材料应用

第二版

理想·宅 编

SHINEI
CAILIAO
YINGYONG

·北京·

内容简介

本书按照施工顺序分类，介绍了装修材料的基础常识、水电材料、装饰砖石、装饰板材、装饰地材、装饰门窗及五金、漆及涂料、墙面加工材料、厨卫设备以及趋势新建材等内容，详细讲解了施工步骤中所需材料的类别、特点、选购以及适合用法，并将理论和图片相结合，方便读者全面地学习室内材料相关知识，从而熟练应用这些室内材料。同时，本书融入了课程思政元素，利于读者树立文化自信。

本书可作为高等院校室内设计类专业的教材，也可作为室内装饰从业人员的参考书，还可供广大装修业主使用。

图书在版编目（CIP）数据

设计必修课.室内材料应用/理想·宅编.—2版.—北京：化学工业出版社，2024.2
ISBN 978-7-122-44524-7

Ⅰ.①设… Ⅱ.①理… Ⅲ.①室内装饰设计-装饰材料 Ⅳ.①TU238.2 ②TU56

中国国家版本馆CIP数据核字(2023)第229160号

责任编辑：王　斌　吕梦瑶　　文字编辑：冯国庆
责任校对：宋　夏　　装帧设计：韩　飞

出版发行：化学工业出版社
（北京市东城区青年湖南街13号　邮政编码100011）
印　　装：河北鑫兆源印刷有限公司
710mm×1000mm　1/16　印张14　字数380千字
2024年2月北京第2版第1次印刷

购书咨询：010-64518888　　售后服务：010-64518899
网　　址：http://www.cip.com.cn
凡购买本书，如有缺损质量问题，本社销售中心负责调换。

定　　价：78.00元

前言
PREFACE

对室内设计而言，材料是重点也是难点。学习室内材料知识，不仅要掌握理论知识，而且要从实战角度理解材料的种类、适合什么空间、针对这些特点该怎么用以及怎样选购。

本书由“理想·宅（Ideal Home）”倾力打造，收录常用室内装饰建材二百余种，并系统地分为材料的基础常识、水电材料、装饰砖石、装饰板材、装饰地材、装饰门窗及五金、漆及涂料、墙面加工材料、厨卫设备、趋势新建材 10 章。每章对材料的类别、特点、选购以及适合用法都做了详细介绍，同时结合现场材料的施工图和相关视频，让初学者也能轻松掌握材料的运用技法。除了常见的材料外，本书还结合流行趋势，对一些新型材料做出了详细的解说，令读者能够在进行装修准备时尽可能地把握潮流趋势。

本书真正把材料设计落到实处，无论是作为各级各类院校的相关教材、业主的 DIY（自己动手）装修参考，还是监工手册，都堪称不可或缺的装修宝典。

编者

目录
CONTENTS

001 第一章 材料的基础常识

一、常用装修材料的类别解析 / 002

1. 主材和辅材 2. 不同界面的装饰材料类型

二、装修施工流程及材料购买时间顺序 / 012

1. 装修施工流程 2. 材料购买时间顺序

三、市场上主要的装修方式介绍及优劣分析 / 016

1. 清包 2. 半包 3. 全包 4. 套餐

四、装饰材料污染监测与治理 / 018

1. 室内有毒物质的来源和控制方法 2. 从设计和施工角度减少材料污染

五、装修面积与常用建材用量的计算方法 / 028

1. 装修测量工具 2. 进行测量的步骤 3. 常用装修材料的计算方法

035 第二章 水电材料

一、水路管材及其配件 / 036

1. 水路改造管材的主要类别及应用 2. 水管配件及应用 3. 水管的选购及规格 4. 图解水路改造施工流程及施工要点 5. 给水管和排水管的铺设要求 6. 水路施工应注意的问题

二、电线与电线套管 / 046

1. 电线的主要应用和分类 2. 家用电线的规格及选购 3. PVC 电线套管及其配件 4. 图解电路改造施工流程及施工要点 5. 电路定位的要求 6. 电路施工应注意的问题

三、开关、插座 / 054

1. 开关、插座的主要种类及应用 2. 开关、插座的房间布置 3. 开关、插座的选购及安装高度 4. 开关、插座底盒的连接规范

四、配电箱、漏电保护器和电表 / 060

1. 配电箱的种类和作用　2. 配电箱的设置及连接要求　3. 漏电保护器的作用和类型　4. 家用漏电保护器的选购　5. 电表的类别及选购

065 第三章　装饰砖石

一、装饰石材 / 066

1. 石材的主要种类及应用　2. 装饰石材的选购

二、装饰陶瓷砖 / 074

1. 瓷砖的主要种类及应用　2. 瓷砖的规格及选购　3. 铺地砖的规范工艺流程　4. 铺墙砖的规范工艺流程　5. 铺瓷砖应注意的问题

085 第四章　装饰板材

一、墙面、家具板材 / 086

1. 墙面、家具板材的主要种类及应用　2. 墙面、家具板材的选购　3. 制作、定制和购买成品家具的优缺点 4.　木工制作家具的检查重点

二、顶面板材 / 098

1. 顶面板材的主要种类及特点　2. 顶面板材的选购　3. 石膏板吊顶的规范操作　4. 避免石膏板开裂的要点

107 第五章　装饰地材

一、木地板 / 108

1. 木地板的种类及特点　2. 木地板的选购　3. 木地板的保养　4. 铺地板应注意的问题

二、地毯 / 118

1. 地毯的主要种类及应用　2. 地毯的选购　3. 地毯的清洁和保养

121 第六章　装饰门窗及五金

一、装饰门窗 / 122

1. 门窗的主要种类及特点　2. 门窗的选购　3. 门窗安装注意事项

二、门五金配件 / 134

1. 门五金配件的类别和特点　2. 门五金的选购

137 第七章　漆及涂料

一、墙面漆及涂料 / 138

1. 墙面漆及涂料的主要种类及特点　2. 墙面漆及涂料的选购
3. 墙面漆腻子的作用与类别　4. 墙面漆腻子的选购　5. 墙漆涂刷的规范操作
6. 墙漆涂刷应注意的问题

二、木器漆 / 154

1. 木器漆的主要种类及特点　2. 木器漆的工艺　3. 木器漆的选购
4. 家具涂刷的规范操作

161 第八章　墙面加工材料

一、壁纸、壁布 / 162

1. 壁纸、壁布的主要种类及特点　2. 壁纸、壁布的选购
3. 壁纸、壁布的基层处理要求　4. 壁纸的施工注意事项

二、装饰玻璃 / 168

1. 玻璃的主要种类及特点　2. 玻璃的选购

三、其他壁面材料 / 176

1. 墙贴的特征及作用　2. 墙面软包的特征及作用
3. 软包施工应注意的问题

179 第九章　厨卫设备

一、整体橱柜 / 180

1. 整体橱柜的构成及材料　2. 整体橱柜的选购与尺寸
3. 整体橱柜的规划与安装

二、卫浴洁具及五金配件 / 190

1. 卫浴洁具的类别及特点　2. 卫浴洁具的选购　3. 卫浴洁具的安装注意事项
4. 卫浴五金配件的类别及特点　5. 卫浴五金配件的选购

205 第十章　趋势新建材

1. 吸音板　2. 水泥板　3. 玉石　4. 软石地板　5. 玻晶砖　6. 微晶石　7. 微水泥

第一章 材料的基础常识

研究材料时要掌握的不仅仅是理论上的各种实验数据，而且要清楚，各种材料分为哪些种类，有什么优缺点，针对这些特点该怎样选用以及怎样购买。本章从施工角度系统讲解装修材料，覆盖装修全局和各处细节。

扫码下载本章课件

一、常用装修材料的类别解析

学习目标	了解装修中的主材和辅材类别以及不同空间的材料特点。
学习重点	掌握主材和辅材的类别及应用区域。

1 主材和辅材

市场上装修材料种类繁多，按照行业习惯大致可分为两大类：主材和辅材。主材是指装修中的成品材料、饰面材料及部分功能材料。主材主要包括：地板、瓷砖、壁纸、壁布、吊顶、石材、洁具、橱柜、热水器、龙头、花洒、水槽、净水机、吸油烟机、灶具、门、灯具、开关、插座、五金件等。辅材是指装修中要用到的辅助材料。辅材主要包括：水泥、砂子、砖、板材、龙骨、防水材料、水暖管件、电线、腻子、108 胶、木器漆、乳胶漆、保温材料等。

（1）主材的解析

类型	概述	示例图片
地板	泛指以木材为原料的地面装饰材料。目前市场非常流行的有实木地板、实木复合地板、强化复合地板。其中实木复合地板和强化复合地板可用于地热地面	
瓷砖	是主要用在厨房、卫浴间的墙面和地面的一种装饰材料，具有防水、耐擦洗的优点，也可用于客餐厅和卧室的地面铺装。目前市场上运用较多的是釉面砖、玻化砖和仿古砖	
壁纸、壁布	是一种墙面装饰材料，可改善传统涂料的单调感，营造强烈的视觉冲击和装饰效果，多用于空间的主题墙	
吊顶	是为了防止厨房和卫浴间的潮气侵蚀棚面以及居室美观而采用的一种装饰材料，主要分为铝塑板吊顶、铝扣板吊顶、集成吊顶、石膏板吊顶和生态木吊顶等	

续表

类型	概述	示例图片
石材	分为天然大理石和人造石。天然大理石坚固耐用、纹理自然、价格低廉。人造石无辐射、颜色多样、可无缝粘接、抗渗性较好，可用于窗台板、台面、楼梯台阶、墙面装饰等处	
洁具	包括坐便、面盆、浴缸、拖把池等卫浴洁具。坐便按功能分有普通坐便和智能坐便；按冲水方式分有直冲和虹吸两种。面盆分为台下盆和台上盆，可根据个人喜好选择	
橱柜	时下厨房装修必备主材，橱柜分为整体橱柜和传统制作橱柜。整体橱柜需要提前设计，采用机械工艺制作，安装快速，相比传统制作橱柜更时尚美观、实用，已逐渐取代传统制作橱柜	
热水器	市场上可供选择的热水器有三种，即储水式电热水器、燃气式热水器、电即热式热水器。热水器要根据房间格局分布和个人使用习惯选择	
龙头、花洒	是使用非常频繁的水暖件，目前很流行的龙头、花洒材料为铜镀铬、陶瓷阀芯，本体为精铜的水暖件是避免水路隐患的可靠保证	
水槽	是厨房必备功能产品，从功能和尺寸上分为单槽、双槽以及带刀具、垃圾桶、淋水盘等类型，大部分采用不锈钢制成	

续表

类型	概述	示例图片
净水机	是改善生活用水和饮用水的过滤产品，按使用范围分为中央净水机、厨房净水机、直饮净水机。净水机虽然不是家庭装修必备的主材，但是随着人们对生活品质要求的提升，越来越受到人们的青睐	
吸油烟机、灶具	吸油烟机的主要作用是吸除做菜产生的油烟，市场上常见的有中式吸油烟机、欧式吸油烟机、侧吸式吸油烟机。灶具分为明火灶具和红外线灶具	
门	目前市场上有各种工艺的套装门，已经基本取代了传统木工制作的门和门口。套装门主要分为模压门、钢木门、免漆门、实木复合门、实木门等	
灯具	是晚间采光的主要工具，也对空间的装饰效果具有一定的作用。灯具的挑选要考虑实用、美观、节能这三点	
开关、插座	开关按功能划分为单控开关、双控开关、多控开关。插座可分为五孔插座、16A 三孔插座、带开关插座、信息插座、电话插座、电视插座、多功能插座、音箱插座、空白面板、防水盒等	
五金件	家装中用到的五金件非常多，例如：抽屉滑道、门合页、衣服挂杆、窗帘滑道、拉篮、浴室挂件、门锁、拉手、铰链、气撑等，可一起购买	

（2）辅材的解析

类型	概述	示例图片
水泥	家庭装修必不可少的建筑材料，主要用于瓷砖粘贴、地面抹灰找平、墙体砌筑等。家装最常用的水泥为 32.5 号硅酸盐水泥。水泥砂浆一般应按水泥：砂 =1：2（体积比）的比例来搅拌	
砂子	配合水泥制成水泥砂浆，用于墙体砌筑、粘贴瓷砖和地面找平。分为粗砂、中砂、细砂，粗砂粒径大于 0.5mm，中砂粒径 0.35~0.5mm，细砂粒径 0.25~0.35mm，建议使用河砂，以中砂或粗砂为好	
砖	是砌墙用的一种长方体石料，用泥土烧制而成，多为红色，俗称“红砖”，也有“青砖”，尺寸为 240mm×115mm×53mm	
板材	常见的有细木工板、指接板、饰面板、九厘板、石膏板、密度板、三聚氰胺板、桑拿板等	
龙骨	吊顶用的材料，分为木龙骨和轻钢龙骨。木龙骨又叫木方，比较常用的是截面为 30mm×50mm 的材料，一般用于石膏板吊顶、塑钢板吊顶。轻钢龙骨根据其型号、规格及用途的不同，有 T 形、C 形、U 形龙骨等，一般用于铝扣板吊顶和集成吊顶	
防水材料	家装主要使用防水剂、刚性防水灰浆、柔性防水灰浆三种。砂浆防水剂可用于填缝，在非地热地面和墙面上使用，防水砂浆厚度至少要达到 2cm	
水暖管件	目前家装中做水路时主要采用两种管材，即 PP-R 管和铝塑管。PP-R 管采用热熔连接方式，铝塑管采用铜件对接，还要保证墙地面内无接头。无论采用哪种材料，都应该保证打压合格，正常是 6 个压力（1 个压力＝ 1MPa）打半小时以上	

续表

类型	概述	示例图片
电线	选择通过国家 CCC 认证的合格产品即可，一般线路用 2.5mm^2 的电线，功率大的电器要用 4mm^2 以上的电线	
腻子	是平整墙体表面的一种厚浆状涂料，刮腻子是乳胶漆粉刷前必不可少的一种工艺。按照性能主要分为耐水腻子、821 腻子、掺胶腻子。耐水腻子顾名思义具有防水防潮的特征，可用于卫浴间、厨房、阳台等潮湿区域	
108 胶	是一种新型高分子合成建筑胶黏剂，外观为白色胶体，施工和易性好、黏结强度高、经济实用，适用于室内墙、地砖的粘贴	
白乳胶	黏结力强，黏度适中，是无毒、无腐蚀、无污染的现代绿色环保型胶黏剂品种，主要用于木工板材的连接和贴面，木工和油工都会用到	
无苯万能胶	半透明黏性液体，可黏合防火板、铝塑板及各种木质材料，是木工的必备工具	
玻璃胶	用于黏结橱柜台面与厨房墙面、固定台盆和坐便器以及一些地方的填缝和固定	
发泡胶	一种特殊的聚氨酯产品，固化后的泡沫具有填缝、黏结、密封、隔热、吸音等多种效果，是一种环保节能、使用方便的材料。尤其适用于塑钢或铝合金门窗和墙体间的密封堵漏及防水、成品门套的安装	
木器漆	是用于木器的涂饰，起保护木器和增加美观作用的涂料。市场常用的品种有硝基漆、聚酯漆、不饱和聚酯漆和水性漆、天然木器涂料等	

续表

类型	概述	示例图片
乳胶漆	有机涂料的一种，是以合成树脂乳液为基料，加入颜料、填料及各种助剂配制而成的一类水性涂料。按光泽效果不同可分为无光、亚光、半光、丝光、有光乳胶漆等；按溶剂不同可分为水溶性乳胶漆、水溶性涂料、溶剂型乳胶漆等；按功能不同可分为通用型乳胶漆、功能型（防水、抗菌、抗污等）乳胶漆	
保温材料	保温材料主要有苯板和挤塑板两种。苯板就是一种泡沫板，用在建筑的墙体中起保温作用，它的隔热效果只能达到50%。挤塑板正逐渐取代苯板作为新型保温材料，具有抗压性强、吸水率低、防潮、不透气、质轻、耐腐蚀、超抗老化、热导率低等优异性能	

2 不同界面的装饰材料类型

（1）内墙装饰材料

● 壁纸。壁纸是一种用于裱糊墙面的室内装修材料。壁纸拥有色彩纯正、健康环保、施工速度快、施工现场整洁、样式丰富、价格空间大等优点，但是同样也存在易脱层、易褪色、有接缝、更换麻烦、施工水平和质量不容易控制等缺点。

● 壁布，或称纺织壁纸。表面为纺织材料，也可以印花、压纹。壁布按基层不同可分为布面纸底、布面胶底、布面浆底、布面针刺棉底等几种。壁布拥有视觉效果舒适、触感柔和、少许隔声、高度透气、亲和性佳、防水耐擦等特点，但是较普通壁纸价格高。

● **墙面砖**。墙面砖适用于洗手间、厨房、室外阳台的立面装饰。贴墙砖是保护墙面免遭水溅的有效办法，它不仅可用于墙面，还可以用在踢脚线处，既美观又能保护墙基不易被鞋或桌椅凳脚弄脏。墙面砖作为瓷砖的一种，不易吸水，耐擦洗，耐候性、耐酸性都比较好。

● **装饰面板**。装饰面板是将实木板精刨切成厚为 0.2mm 左右的微薄木皮，以夹板为基材，经过胶粘工艺制作而成的具有单面装饰作用的装饰板材。装饰面板的优点是种类多，木质材料符合现代人审美，但是也有需要二次刷漆、会释放游离甲醛的缺点。

● **墙面涂料**。墙面涂料是指用于建筑墙面起装饰和保护作用的涂料，使建筑墙面美观整洁的同时也能延长其使用寿命，如乳胶漆、硅藻泥、艺术涂料等。内墙涂料具有色彩丰富、细腻，耐碱性、耐水性、耐粉化性良好，且透气性好、涂刷容易、价格合理等优点。

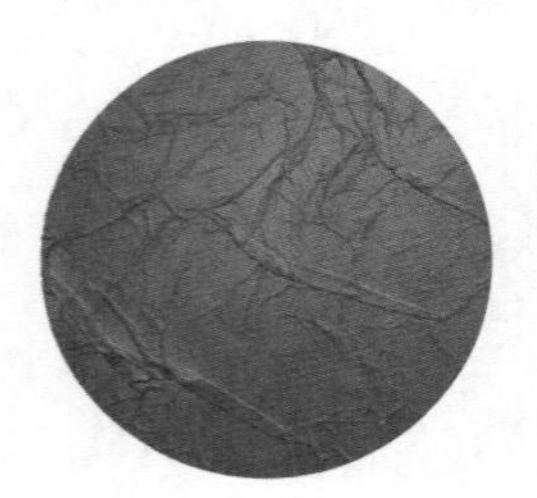

(2)地面装饰材料

● **地面砖**。贴在建筑物地面的瓷砖统称地面砖。地面砖质坚、耐压耐磨、能防潮，有的经上釉处理，具有很强的装饰作用，多用于客餐厅、厨房、卫浴间、阳台等空间。地面砖花色品种非常多，可供选择的余地很大，按材质可分为釉面砖、玻化砖、仿古砖等。

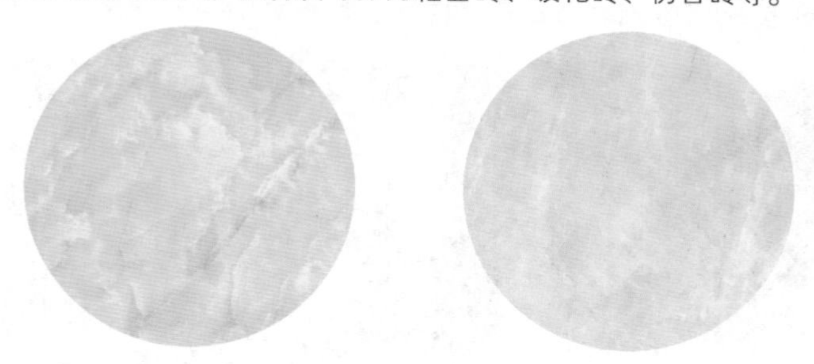

● **木地板**。木地板是指用木材制成的地板，主要有实木地板、强化地板、实木复合地板和软木地板等类型。木地板有美观柔软、稳定性强、耐磨抗虫、吸油性强的特点，适合用于卧室、书房等私密空间。值得注意的是，如果要架设地暖，最好选择专业的地暖地板，否则容易有开裂变形的情况。

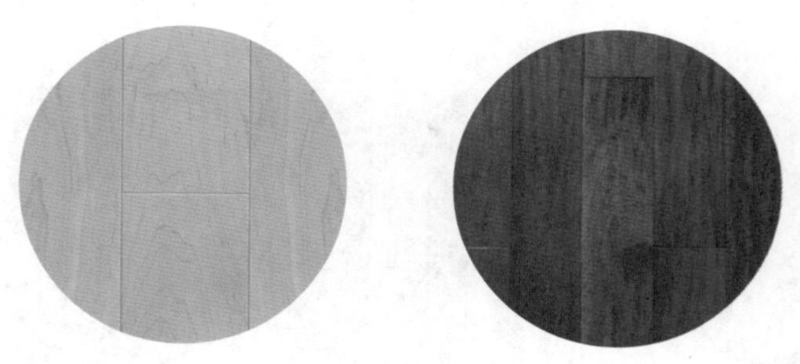

● **地毯**。地毯（地毡）是一种纺织物，铺放于地上，具有舒适、隔声、美观、安全保暖等优点。尤其家中有幼童或长者，可以减免伤害。但是地毯不易清洁，容易滋生细菌，防火性较差，在家居空间中建议小面积铺设。

● **塑料地板**。塑料地板，即用塑料材料铺设的地板。塑料地板按其使用状态可分为块材（或地板砖）和卷材（或地板革）两种，按其材质可分为硬质、半硬质和软质（弹性）三种，按其基本原料可分为聚氯乙烯（PVC）塑料、聚乙烯（PE）塑料和聚丙烯（PP）塑料等数种。塑料地板拥有色泽选择性强、质轻、价格便宜、耐磨、防水防滑等优点，但是在防火和档次等问题上存在不足。

（3）吊顶装饰材料

● **PVC 板**。PVC 板是一种空心合成塑料板材，质地轻盈而结实。PVC 板拥有绿色环保、隔声隔热、价格低廉的特点，但是易老化褪色。

● **石膏板**。石膏板是目前应用非常广泛的一类吊顶装饰材料，具有良好的装饰效果和较好的吸声性能，价格较其他屋顶装饰材料低廉，具有防火、隔声、隔热、轻质、高强、收缩率小等特点，且稳定性好、不老化、防虫蛀，可用钉、锯、刨、粘等方法施工。

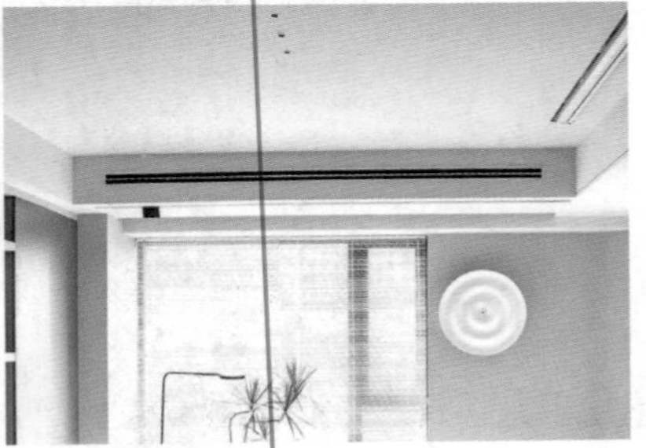

● **金属装饰板。**金属装饰板的材质种类有铝、铜、不锈钢、铝合金等。如铝扣板质地轻、硬度强，在家装吊顶的设计中有着很好的防潮、防污、防腐的功效，在厨房及卫浴间中常会使用到。铝扣板的韧性也相当不错，在长期使用中不会出现吊顶下陷的现象，不过它的价位相对来说也比较高。

● **生态木。**简单地说就是人造木，是将树脂和木质纤维材料及高分子材料按一定比例混合，经高温、挤压、成型等工艺制成一定形状的型材。生态木具有很好的稳定性，而且具有防水、防腐、保温隔热等特点。生态木在制作中添加了具有提高光和热稳定性、抗紫外线和低温耐冲击等作用的改性剂，因此它还具有强的耐候性、耐老化性和抗紫外线等性能，不会发生变质、开裂、脆化等现象，在客厅、餐厅、卧室、阳台、卫浴间都可以使用。

思考与巩固

1. 需要业主购买的主材有哪些？

2. 吊顶材料分为哪几种？阳台可以使用生态木吊顶吗？

二、装修施工流程及材料购买时间顺序

学习目标	本小节重点讲解装修施工流程以及材料的进场顺序。
学习重点	了解家装各个工程的前后顺序，并根据施工进程掌握材料的购买时间顺序。

1 装修施工流程

01 前期设计、调查。时间越充分越好，至少一个月。

02 施工现场放样，图纸交底。

03 开始水电工程，墙面开槽打孔。

04 水电管线进场，水泥和砂少量进场。

05 水电管线铺设完毕，进行水压试验，查看质量。

06 水泥和砂大量进场，泥工修补水电工程的遗留问题。

07 瓷砖、木工材料进场。木工和泥工可同时施工，以缩短工期。

08 淋浴房挡水、门槛石、窗台石进场，由泥工预埋。

09 泥工和木工完工，验收。

10 油漆材料进场、施工。

11 测量橱柜、卫浴间的台盆柜、厨卫天花板的尺寸。

12 油烟机进场，安装厨卫吊顶，预先放置油烟机的排烟管。

13 安装橱柜、卫浴间的台盆柜，门板可先不安装。

14 厨房的水槽、燃气灶进场。橱柜台面的测量、安装。

15 油漆工程完工，验收。

16 贴壁纸（看个人需要），然后安装暖气片。

17 安装定制的家具、灯具、洁具、开关面板、小五金。

18 铺地板。

19 安装免漆门、门套、锁具、踢脚线、滑动门、折叠门。

20 安装家电、窗帘。

21 油漆扫尾修补，然后做开荒保洁。

22 验收并结账，然后通风至少两个月。

23 入住感受一个月，若出现问题，及时找施工方解决。

2 材料购买时间顺序

现在一般装修业主都是选择装修辅材由装修公司负责，装修主材自己购买，所以业主只需操心装修主材购买的顺序，保证装修主材的供应能跟上家装工程的进度即可。一般材料的购买时间顺序如下表所示。

序号	材料	施工阶段	准备内容
1	防盗门	开工前	最好一开工就能给新房安装好防盗门，防盗门的定做周期一般为一周左右
2	白乳胶、原子灰、砂纸等辅料	开工前	木工和油工都可能需要用到这些辅料
3	橱柜、浴室柜	开工前	墙体改造完毕就需要商家上门测量，确定设计方案，其方案还可能影响水电改造方案
4	水电材料	开工前	墙体改造完就需要工人开始工作，这之前要确定施工方案和确保所需材料到场
5	室内门窗	开工前	开工前墙体改造完毕就需要商家上门测量
6	热水器、小厨宝	水电改前	其型号和安装位置会影响到水电改造方案及橱柜设计方案
7	卫浴洁具	水电改前	其型号和安装位置会影响到水电改造方案
8	排风扇、浴霸	水电改前	水电改前其型号和安装位置会影响到电改方案
9	水槽、面盆	橱柜设计前	其型号和安装位置会影响到水改方案和橱柜设计方案
10	油烟机、灶具	橱柜设计前	其型号和安装位置会影响到电改方案和橱柜设计方案
11	防水材料	瓦工入场前	对于卫浴间，先要做好防水工程，防水涂料不需要预定
12	瓷砖、勾缝剂	瓦工入场前	有时候有现货，有时候要预订，所以需先计划好时间
13	石材	瓦工入场前	窗台、地面、过门石、踢脚线都可能用石材，一般需要提前三四天确定尺寸预订
14	乳胶漆	油工入场前	墙体基层处理完毕就可以刷乳胶漆，一般到市场直接购买
15	地板	较脏的工程完成后	最好提前一周订货，以防挑选的花色缺货，提前两三天预约送货

续表

序号	材料	施工阶段	准备内容
16	壁纸	地板安装后	进口壁纸需要提前至少 20 天订货，为防止缺货，最好提前一个月订货，铺装前两三天预约送货
17	玻璃胶及胶枪	开始全面安装前	很多五金洁具安装时需要打一些玻璃胶密封
18	水龙头、厨卫五金件等	开始全面安装前	一般款式不需要提前预订，如果有特殊要求可能需要提前一周
19	镜子等	开始全面安装前	如果定做镜子，需要四五天制作周期
20	灯具	开始全面安装前	一般款式不需要提前预订，如果有特殊要求可能需要提前一周
21	开关、面板等	开始全面安装前	一般不需要提前预订
22	地板蜡、石材蜡等	保洁前	保洁前可以买质量好点的蜡让保洁人员在自己家中使用
23	窗帘	完工前	保洁后就可以安装窗帘，窗帘需要一周左右的订货周期
24	家具	完工前	保洁后就可以让商家送货安装
25	家电	完工前	保洁后就可以让商家送货安装
26	配饰	完工前	装饰品、挂画等配饰，保洁后业主可以自行选购

思考与巩固

1. 开工前需要购买哪些材料？
2. 水槽、面盆需要提前购买吗？

三、市场上主要的装修方式介绍及优劣分析

学习目标	本小节重点介绍市场上主要的装修方式，并分析其优缺点和适合人群。
学习重点	了解清包、半包、全包、套餐四种承包方式。

1 清包（业主自己购买主材和辅材）

清包也叫包清工，是指业主自行购买所有材料，找装修公司或装修队伍来施工的一种工程承包方式。由于材料和种类繁多，价格相差很大，有些业主担心别人代买材料可能会从中渔利，于是部分装修户采用自己买全部的主材和辅材、只包清工的装修形式。

优点：业主的自由度和控制力大；业主可以通过逛市场对装修材料的种类、价格和性能有直观的了解，而且比较省钱。

缺点：清包业主需要投入的时间和精力较多；逛市场、了解行情、选材，这需要大量的时间；联系车辆，拉运材料，工期相对会较长；清包业主需要对材料相当了解。

2 半包（辅材装修公司提供，业主只购买主材）

半包是介于清包和全包之间的一种方式，施工方负责施工和种类繁杂但价格较低的辅料采购，主料由业主采购。这种装修方式能让业主在一定程度上参与装修，同时不用在装修上浪费太多的时间和精力，是目前市场上采用最多的一种装修方式。

优点：价值较高的主料，业主采购可以控制费用的大头；种类繁杂、价值较低的辅料，业主不容易弄得清，由施工方采购比较省心。

缺点：挑选主材时业主需要花不少时间跑建材市场，而且每一款材料都需要做好验收，装修公司负责提供的材料与自购的材料必须在合同上写明，可以避免日后纷争。

3 全包（装修公司购买所有材料）

全包也叫包工包料，所有材料采购和施工都由施工方负责。装修造价包括材料费、人工机械费、利润等，另外还要暗摊公司营运费、广告费、设计师佣金等，业主交的钱花到房子装修上面的比例比包清工和半包少得多。

优点　业主相对省时、省力、省心，责权较清晰；一旦装修出现质量问题，装修公司的责任无法推脱。

缺点　费用较高；由于材料价格跨度大、种类繁杂，装修户了解甚少，很容易上当。

4 套餐（所有材料和人工按面积计算）

套餐装修是一种按平方米计价的装修模式，即把装修主材（包括墙砖、地砖、地板、橱柜、洁具、门及门套、墙面漆、吊顶等）与基础装修组合在一起，同时把材料和人工费用都包含在里面。具体计算方式是用建筑面积乘以套餐价格，得到的数据就是装修全款。

优点　价格低，效率高，节省装修时间。一站式服务，让业主不再奔波。

缺点　很多套餐报价不能包含所有施工项目和装修材料，设计公司需要对套餐之外的装修项目另外收费，最终导致决算价大幅度高于套餐价。看似名牌材料套餐，实际上用名牌里面的便宜、低档材料，导致后期纠纷严重。

思考与巩固

1. 清包的优点是什么？适合哪类人群？
2. 套餐报价一定划算吗？应注意哪些问题？

四、装饰材料污染监测与治理

学习目标	本小节重点讲解装修中的污染物，并详细说明有毒物质的来源和控制办法。
学习重点	掌握污染物的防治办法。

1 室内有毒物质的来源和控制方法

人们熟知的住宅中存在的有害毒物就是甲醛、苯等物质，实际上家居空间中的有害物质不仅仅限于这两种。在装修过程中使用的材料会产生一定的有害物质，而在装修完成后，如果居室的结构设计不佳、存在一些容易产生细菌的环境，或室内有一些容易带来细菌以及产生细菌的物品，也会让居室产生一些有害毒物。

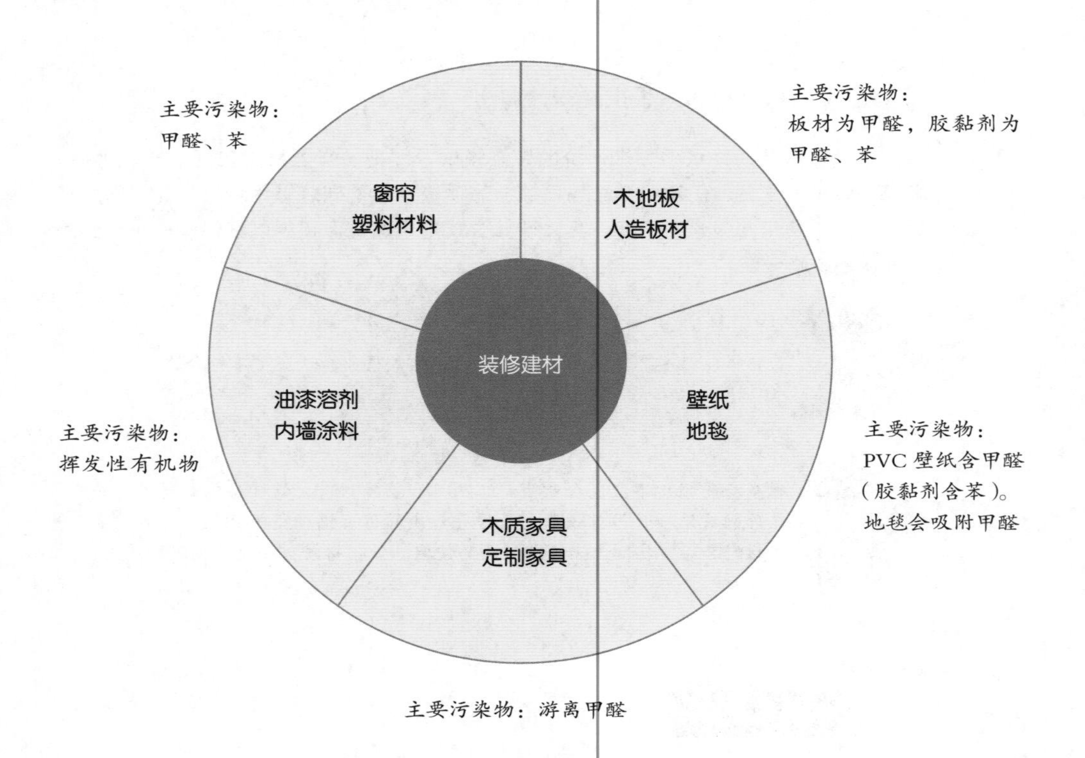

（1）人造板材

● **主要类别**。人造板是室内装修的最主要的材料之一，大致分成三类：第一类是由木块或大幅面薄木片胶合而成的胶合板或胶合木（俗称细木工板）；第二类是由木刨花或小颗粒胶合热压而成的刨花板类产品（也叫颗粒板）；第三类是由木纤维胶合热压而成的纤维板类产品。

细木工板

● **有毒物质来源**。因为含有甲醛的胶黏剂具有较强的黏合性，还具有加强板材的硬度及防虫、防腐的功能，所以目前生产人造板使用的胶黏剂是以甲醛为主要成分的脲醛树脂。由于人造板材在装修中通常都会用到，所以因板材的原因造成甲醛超标的现象较常见。

刨花板

● **控制方法**。国家标准《室内装饰装修材料人造板及其制品中甲醛释放限量》（GB 18580—2017）对人造板所含甲醛的限量标准值及其检测方法已做了明确规定，达到标准等级的产品即被认为不构成对人体及环境产生影响和危害，其限量标志为 E1 级。

纤维板

材料实战解析

统一甲醛检测试验方法为“$1m^3$ 气候箱法”，该方法检测持续时间至少为 10 天，在恒温、恒湿和恒气流作用下，从第 7 天开始测定。当测试次数超过 4 次，且最后 2 次测定结果差异小于 5% 时，才将其平均值作为测定结果。如果两次测定结果差异大于 5% 时，还要每天测定一次。如果 28 天内未达稳定状态，则用第 28 天的测定值。

（2）油漆和涂料

● **主要类别。**油漆主要有两大类，一类是墙面漆，另一类是家具饰面的木器漆清漆或彩色漆。后者可分为油性漆和水性漆，其中水性漆较环保，油性漆中苯或二甲苯的含量较多，很容易造成室内污染。除此之外，油性漆的 TVOC（总挥发性有机化合物）较高，含有较大量的苯系物，例如一些用原粉加稀料配制成防水涂料，操作后 15h 进行检测，室内空气中苯含量超过国家最高允许浓度的 14.7 倍。需要注意的是，即使是水性漆，如果是不合格或假冒产品，污染也会较重。

● **有毒物质来源。**苯、甲苯、二甲苯是油漆中不可缺少的溶剂；各种油漆和涂料的添加剂中也大量存在苯系物，比如装修中俗称为天那水的稀料，含有大量的苯、甲苯、二甲苯。

● **控制方法。**减少不环保油漆的使用，尽量使用水性环保漆，不要购买含有松香水的油漆；用无甲醛的产品或使用天然矿物涂料取代含有甲醛和苯的彩色涂料。选购油漆和涂料时应特别注意质量，避免使用不合格或者低档的产品。

室内装饰装修材料内墙涂料中有害物质限量（GB 18582—2020）

项目	限量值	
挥发性有机化合物（VOC）	水性墙面涂料	水性墙面腻子
	≤ 80g/L	≤ 10g/kg
苯、甲苯、乙苯、二甲苯总和	≤ 100mg/kg	
游离甲醛	≤ 100mg/kg	
可溶性铅	≤ 90mg/kg	
可溶性镉	≤ 75mg/kg	
可溶性铬	≤ 60mg/kg	
可溶性汞	≤ 60mg/kg	

1. 涂料产品中所有项目均不考虑水的稀释配比

2. 膏状腻子及仅以水稀释的粉状腻子中所有项目均不考虑水的稀释配比；对于粉状腻子（除仅以水稀释的粉状腻子外），除总铅、可溶性重金属项目直接测试粉体外，其余项目按产品明示的施工状态下的施工配比将粉体与水、胶黏剂等其他液体混合后测试。如施工状态下的施工配比为某一范围时，应按照水用量最小、胶黏剂等其他液体用量最大的配比混合后测试。

(3) 壁纸

● **主要类别**。壁纸的有害物危害主要来自两方面，一是壁纸自身产生的危害，二是粘贴壁纸时使用胶黏剂产生的危害。尤其是胶黏剂，它的品质直接关系着居室的空气质量，是毒害物质的主要来源。

● **有毒物质来源**。壁纸在生产加工过程中由于原材料、工艺配方等原因，可能残留重金属、氯乙烯单体以及甲醛三类有害物质，尤其是进行了二次加工的 PVC 类壁纸；粘贴壁纸使用的胶黏剂在生产过程中为了使产品有好的浸透力，通常采用大量的挥发性有机溶剂，因此在施工固化期中有可能释放出甲醛、苯、甲苯、二甲苯、挥发性有机物等有害物质。由于壁纸的成分不同，对人体影响也是不同的：PVC 壁纸内可能会含有甲醛和苯，而天然纺织物壁纸尤其是纯羊毛壁纸中的织物碎片是一种致敏源，可导致人体过敏；一些化纤纺织物壁纸可释放出甲醛等有害气体。

● **控制方法**。我国强制性国家标准《室内装饰装修材料　壁纸中有害物质限量》(GB 18585—2001) 中，对壁纸中所含有害物质限量标准值及其检测方法已做了明确规定，达到标准等级的产品，对人体无害。

壁纸中的有害物质限量值

项目		限量值
重金属及其他元素	钡	≤ 1000mg/kg
	镉	≤ 25mg/kg
	铬	≤ 60mg/kg
	铅	≤ 90mg/kg
	砷	≤ 8mg/kg
	汞	≤ 20mg/kg
	硒	≤ 165mg/kg
	锑	≤ 20mg/kg
氯乙烯单体		≤ 1.0mg/kg
甲醛		≤ 120mg/kg

材料实战解析

一般来讲，颜色越浓、越鲜艳的壁纸，在生产过程中往往需要通过加大色浆色料的用量来达到效果，其中有些色浆产品中会添加重金属的氧化物，因此在选购表面花色多、颜色浓的壁纸时，需要格外关注重金属的含量是否超标，避免购买超标的产品，危害健康。可通过查看产品的检测报告来鉴别其有害物含量。

（4）地毯

● **主要类别**。地毯总体来说可以分为两大类，一类是天然羊毛地毯，另一类是加入了化纤材料的混纺地毯。天然羊毛手工编织的地毯没有任何污染，被称为“软黄金”，而混纺地毯因为在制作过程中加入了一些化学物质，则可能存在有害物超标的情况。

羊毛地毯

● **有毒物质来源**。地毯的有毒物质来源有两种途径，一类是混纺地毯生产过程中产生的有害物，包括生产化纤物质的原料以及制作背衬需要添加的胶黏剂等，可能含有甲醛、丙烯腈、甲苯、乙苯、苯乙烯等有害物质，其中以苯系物为主。另一类是地毯在使用过程中吸附和产生的有害物质，如甲醛、螨虫、粉尘等。

混纺地毯

● **控制方法**。按照《室内装饰装修材料　地毯、地毯衬垫及地毯胶黏剂有害物质释放限量》（GB 18587—2001）的强制性国家标准要求，总挥发性有机化合物、甲醛等有机化合物都被限制在严格的范围内，A 级为环保型产品，B 级为有害物质释放限量合格产品。

项目	限量值	等级
TVOC（总挥发性有机化合物）	≤ 0.500mg/（m^2•h）	A
	≤ 0.600mg/（m^2•h）	B
甲醛	≤ 0.050mg/（m^2•h）	A
	≤ 0.050mg/（m^2•h）	B
苯乙烯	≤ 0.400mg/（m^2•h）	A
	≤ 0.500mg/（m^2•h）	B
4- 苯基环乙烯	≤ 0.050mg/（m^2•h）	A
	≤ 0.050mg/（m^2•h）	B

（5）PVC 卷材地板

● **主要类别**。PVC 卷材地板也叫塑料地板和聚氯乙烯地板，它是以聚氯乙烯及其共聚树脂为主要原料，加入填料、增塑剂、稳定剂、着色剂等辅料，在片状连续基材上，经涂敷工艺或经压延、挤出或挤压工艺生产而成的。PVC 地板可以做成两种：一种是同质透心的，就是从底到面的花纹材质都是一样的；另一种是复合式的，就是最上面一层是纯 PVC 透明层，下面加上印花层和发泡层。

● **有毒物质来源**。合格的、高质量的 PVC 地板在正常温度下是安全的，一般不会存在超量的有害物质。但室内环境连续超过 130℃时会挥发氯化氢（HCl）气体，对人体造成伤害。质量不佳的 PVC 地板，容易存在甲醛和苯系物超标的情况，如果地面有地暖，经常烘烤，还容易释放出铅等重金属物质。

● **控制方法**。按照《室内装饰装修材料　聚氯乙烯卷材地板中有害物质限量》（GB 18586—2001）的强制性国家标准要求，聚氯乙烯卷材地板的层中氯乙烯单体含量应不大于 5 mg/kg，卷材地板中不得使用铅盐稳定剂；作为杂质，卷材地板中可溶性铅含量应不大于 $20mg/m^2$。卷材地板中可溶性镉含量应不大于 $20mg/m^2$。

发泡类卷材地板中的挥发物限量		非发泡类卷材地板中的挥发物限量	
玻璃纤维基材	其他基材	玻璃纤维基材	其他基材
≤ $75g/m^2$	≤ $35g/m^2$	≤ $40g/m^2$	≤ $10g/m^2$

发泡类卷材地板

非发泡类卷材地板

（6）木制家具

● **主要类别。**木制家具是指一切用木料制作的家具，属于市面上家具的一个大种类，包括实木家具、板式家具、复合木家具等多种类型。

● **有毒物质来源。**木制家具的有毒来源主要有两类，一类是游离甲醛，来源于各种人造板材，包括中密度纤维板、刨花板、胶合板和细木工板等，也包括饰面板、部分胶黏剂。木制家具中部分的部件端面没有进行封边处理和部件中有部分安装连接孔，都会造成游离甲醛的释出。另一类是重金属，主要来源为家具表面色漆涂层膜，特别是彩色家具涂料，如红丹、铬黄、铅白等。

● **控制方法。**《室内装饰装修材料　木家具中有害物质限量》（GB 18584—2001）的强制性国家标准，对木制家具中的游离甲醛和重金属含量都有明确要求，只有达到这一要求的木制家具才是合格产品，超标则为不合格。

项目		限量值
甲醛		≤ 1.5mg/L
重金属含量（限色漆）	可溶性铅	≤ 90mg/kg
	可溶性镉	≤ 75mg/kg
	可溶性铬	≤ 60mg/kg
	可溶性汞	≤ 60mg/kg

思考与巩固

1. 油漆和涂料含有哪些污染物？怎样控制室内油漆和涂料的污染？
2. 木制家具的合格标准是什么？

2 从设计和施工角度减少材料污染

（1）采用简单的装修风格

家居常用设计风格大致可以分为九个类别：美式乡村风格、田园风格、欧式古典风格、简欧风格、地中海风格、东南亚风格、新古典风格、现代简约风格以及新中式风格。带有“古典”字样的通常造型及选材都比较复杂，而带有“简约”字样的其造型及选材则相对简洁一些。造型越复杂的风格，使用材料的种类往往也越多，也就越容易产生较多的有害物质，建议从设计开始就有意识地采用环保设计，选择简单的装饰风格，减少材料的用量和种类。

∧简约风格比复杂风格材料选用得更少、更加环保

（2）采用加强通风的设计

如果所购房屋的通风设计不佳，可以通过一些设计手段来加强居室的空气流通，便于后期装修好后，让流通的空气带走室内污染物。最简单的是改变窗户的形式，根据户型的特点，更换合适的窗，促进空气流通。另外，可以选择方便通风的门，例如带有百页设计的款式或者采用折叠门、推拉门来替代实体墙等，以减少门对空气的阻碍，让通过窗进入的空气更好地在室内流通。

（3）不做跌级吊顶设计

为了美观或者为了利用吊顶的高度差使房间看起来更高，很多业主在进行房屋装修设计时，会设计一些跌级式的吊顶，并安装一些暗藏灯带让顶面更美观。这种设计方式使吊顶的平面上方会留有部分空间，居住一段时间后，这个部分就会积累灰尘，成为卫生死角，进而造成室内粉尘污染。从健康角度来讲，不建议做跌级吊顶设计，特别是在居住者患有过敏性鼻炎的情况下，跌级吊顶很容易导致病发。

（4）多用自然类材料

基本无毒害型材料指的就是自然类材料，如实木板材、天然木皮、羊毛地毯、纯纸壁纸等。在进行家庭装修的时候较多地使用此类材料，能够更好地控制室内的有害物含量，让家居生活的安全性更高。虽然有一些自然类材料在施工的时候比较麻烦，但后期的晾晒时间会大大缩短，且减少了空气中发散期超长的甲醛的含量，整体比较来说更健康。

< 纯纸壁纸环保无污染，更适合卧室使用

>椰壳板以高品质的椰壳、贝壳为基材制作而成，既环保又具有自然气息

（5）轻隔墙，用陶粒墙替代常规板材

在进行家居格局改造时，砸除和重建是很常用的方法。重建的部分比较多的是建造隔墙，现在隔墙大部分的工法是用龙骨为骨架，外层用石膏板或者木板，这种做法有个缺点，即隔声效果不佳。用轻质、环保的陶粒墙作为代替性材料做隔墙是一种环保而又隔声的做法。

（6）现场木作工程越少越好

在装修的过程中，总是免不了有甲醛的存在，即使选择了环保的建材，由于在施工中使用了带有胶黏剂的板材，数量累积到一定程度的时候，游离甲醛也可能会超标。而甲醛有着超长的挥发时间，因此最好从设计开始，有意识地结合恰当的施工方式，来控制室内的有害物质。每个家庭都少不了收纳性质的家具，例如各种柜子，而它们是甲醛的主要来源之一。可以在设计居所时，减少现场木作工程控制甲醛。

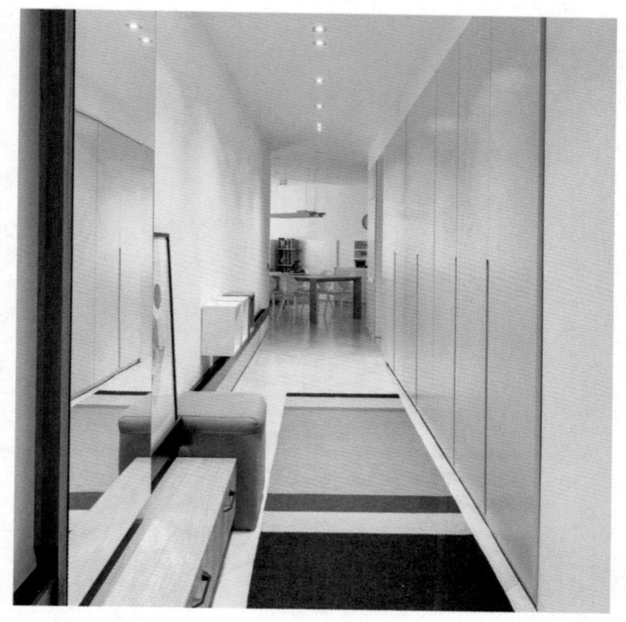

< 根据房间尺寸专门定制的家具，免去了现场木工的施工

< 购买的成品家具造型感更强，也更环保

（7）采用无毒环保的水性漆

水性漆以其无毒环保、无气味、可挥发物极少、不燃不爆的高安全性、不黄变、涂刷面积大等优点，越来越受到人们的欢迎。然而目前市面上还是油性漆的使用率比较高，所以在挑选漆类材料的时候，如果想要选择水性漆，应向施工方指明。

五、装修面积与常用建材用量的计算方法

学习目标	本小节重点讲解装修面积测量的工具与以及空间中不同材料的计算方法。
学习重点	掌握家装主要材料用量的计算方法。

1 装修测量工具

需要准备的材料

拉尺或激光尺	白纸	不同颜色的笔和橡皮
拉尺最好是长6m，如果用太短的尺，要分许多次量度。如有条件可直接用激光尺，测量更加方便、准确	A3或A4白纸	例如铅笔（最好为HB的），蓝、红、黑色纤维笔（圆珠笔也可以）等，还有橡皮

2 进行测量的步骤

（1）先画平面草图

先在白纸上把要量度的房间用铅笔画出一张平面草图，只是用眼来观察，只用手画，不要使用尺。可由大门口开始，一个一个房间连续画过去。把全屋的平面画在同一张纸上，不要一个房间画一张。记得墙身要有厚度，门、窗、柱、洗面盆、浴缸、灶台等一切固定设备要全部画出，画错了擦去后改正。草图不必太准确，样子差不多即可，但不能太离谱。

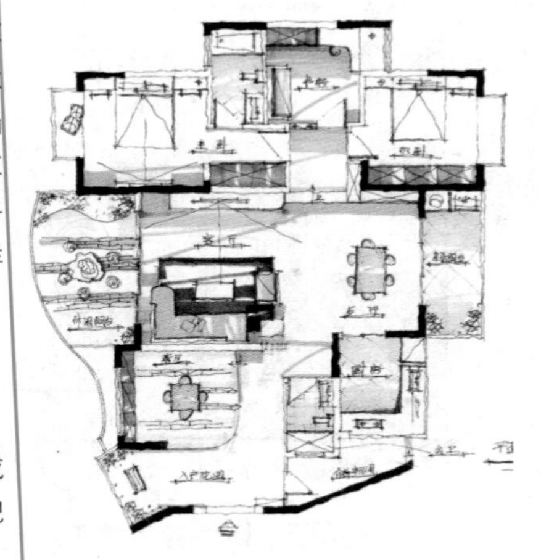

∧平面草图

（2）画完草图再测量

使用拉尺放在墙边地面上测量。在每个房间内顺（或逆）时针方向一段一段测量，测量一次马上用蓝色笔把尺寸写在图的相应位置上。用同样办法测量立面，即门、窗、空调器、吊顶、灶台、面盆柜等高度，记录下来。用红色笔在平面图和立面图上写上原有水电设施位置的尺寸（包括开关、顶棚灯、水龙头、煤气管的位置等）。

3 常用装修材料的计算方法

装修材料占整个装修工程费用的 60%~70%，一般情况下，房子装修费用的多少取决于装修面积的大小，所以，在装修之前必须对房子的面积进行测量，以便准确地计算出所需材料的用量，减少材料浪费。将用量分别乘以相应的单价，算出材料的总费用，再加上人工费、辅助材料费及装修公司的管理费，也就是装修的总体硬装费用。

（1）墙地砖的用量计算

市场上常见的墙地砖规格有 600mm×600mm、500mm×500mm、400mm×400mm、300mm×300mm。

● **粗略的计算方法。**房间地面面积 ÷ 每块地砖面积 ×（1+10%）= 用砖数量（式中 10% 是指增加的耗损量）

● **精确的计算方法。**（房间长度 ÷ 砖长）×（房间宽度 ÷ 砖宽）= 用砖数量。例如长 5m、宽 4m 的房间，采用 400mm×400mm 规格地砖的计算方法：5m÷0.4m/ 块 =12.5 块（取 13 块），4m÷0.4m/ 块 =10 块，13×10= 用砖总量 130（块）。

● **建议。**在精确核算地面地砖时，考虑到切截损耗，购置时需另加 3%~5% 的损耗量。墙砖用量和地砖一样，可参照计算。

∧ 采用不同种拼贴方式时损耗会更大

（2）壁纸的用量计算

常见壁纸（贴墙材料）规格为每卷长 10m，宽 0.53m。

● **粗略的计算方法**。地面面积 ×3= 壁纸的总面积；壁纸的总面积 ÷（0.53m×10）= 壁纸的卷数。或直接将房间的面积乘以 2.5，其乘积就是贴墙用料数。如 20m^2 房间用料为 20×2.5=50（m）。

● **精确的计算方法**。还有一个较为精确的公式：$S=(L/M+1)(H+h)+C/M$。式中，S 为所需贴墙材料的长度，m；L 为扣去窗、门等后四壁的总长度，m；M 为贴墙材料的宽度，m，加 1 作为拼接花纹的余量；H 为所需贴墙材料的高度，m；h 为贴墙材料上两个相同图案的距离，m；C 为窗、门等上下所需贴墙的面积，m^2。

● **建议**。因为壁纸规格固定，因此在计算它的用量时，要注意壁纸的实际使用长度，通常要以房间的实际高度减去踢脚板以及顶线的高度。另外，房间的门、窗面积也要在使用的分量数中减去。这种计算方法适用于素色或细碎花的壁纸。壁纸的拼贴中要考虑对花的，图案越大，损耗越大，因此要比实际用量多买 10%左右。

∧大花纹需要对齐，耗损量相对大

∧小花纹耗损量小

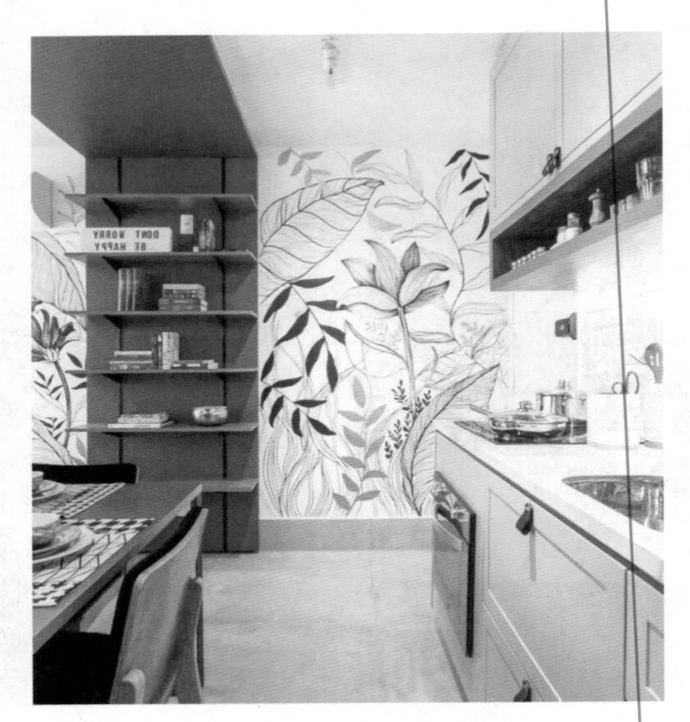

∧ 特殊样式的壁纸需根据墙体高度和宽度定做

（3）地板

地板常见规格有 1200mm × 190mm、800mm × 121mm、1212mm × 295mm，损耗率一般在 3%~5%。

● **粗略的计算方法**。地板的用量（m^2）= 房间面积 + 房间面积 × 损耗率。例如：需铺设木地板房间的面积为 $15m^2$，损耗率为 5%，那么木地板的用量 =15+15 × 5%=15.75（m^2）。

● **精确的计算方法**。（房间长度 ÷ 地板板长）×（房间宽度 ÷ 地板板宽）= 地板块数。例如，长 6m、宽 4m 的房间其用量的计算方法如下：房间长 6m ÷ 板长 1.2m/ 块 =5 块，房间宽 4m ÷ 板宽 0.19m/ 块 ≈ 21.05/ 块，取 21 块，用板总量：5 × 21 块 =105 块 。

● **建议**。木地板的施工方法主要有架铺、直铺和拼铺三种，但表面木地板数量的核算都相同，只需将木地板的总面积再加上 8% 左右的损耗量即可。但对架铺木地板，在核算时还应对架铺用的大木方条和铺基面层的细木工板进行计算。核算这些木材可从施工图上找出其规格和结构，然后计算其总数量。如施工图上没有注明其规格，可按常规方法计算数量。架铺木地板常规使用的基座大木方条规格为 60mm × 80mm、基层细木工板规格为 20mm，大木方条的间距为 600mm。每 $100m^2$ 架铺地板需大木方条 $0.94m^3$、细木工板 $1.98m^3$。

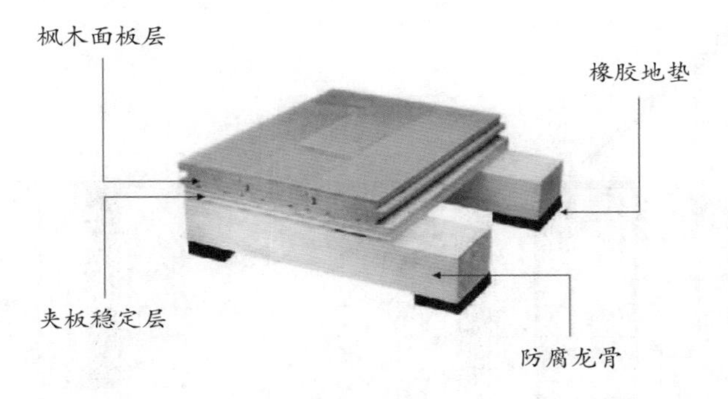

∧架铺木地板结构图

（4）窗帘

普通窗帘多为平开帘，在计算窗帘用料之前，首先要根据窗户的规格来确定成品窗帘的大小。成品窗帘要盖住窗框左右各 0.15m，并且打两倍褶。安装时窗帘要离地面 15~20cm。

● **计算方法**。（窗宽 +0.15m × 2）× 2= 成品窗帘宽度。成品窗帘宽度 ÷ 布宽 × 窗帘高 = 窗帘所需布料。例如，假设窗户规格为宽 1.55m、高 1.90m，其计算方法如下：成品窗帘宽度 =（1.55m+0.15m × 2）× 2 = 3.70m；成品窗帘高度 = 1.9m+0.15m × 4+ 0.20m（收边）=2.70m。以布宽 1.50m 为例，需购窗帘布：3.70m ÷ 1.50m × 2.70m = 6.66m。

（5）地面石材

地面石材耗量与瓷砖大致相同，只是地面砂浆层稍厚。在核算时，考虑到切截损耗和搬运损耗，可加上 1.2% 左右的损耗量（若是多色拼花则损耗率更大，可根据难易程度，按面积直接报总价）。铺地面石材时，每平方米所需的水泥和砂要根据原地面的情况来定。通常在地面铺 15mm 厚水泥砂浆层，其每平方米需普通水泥 15kg，中砂 $0.05m^3$。

∧ 拼花大理石样式

∧ 地面大理石与木地板拼接

（6）涂料

市场上常见的涂料分为 5L 和 20L 两种规格，以家庭中常用的 5L 容量为例，一般面漆需要涂刷两遍，所以 5L 容量的理论涂刷面积为 35m^2。

● **粗略的计算方法**。空间面积（m^2）除以 4，需要粉刷的墙壁高度（dm）除以 4，两者的得数相加便是所需要涂料的质量（kg）。例如，一个空间面积为 20m^2，墙壁高度为 2.8m，那么就是（20÷4）+（28÷4）=12，即 12kg 涂料可以粉刷墙壁两遍。

● **精确的计算方法**。（空间长 + 空间宽）×2× 房高 = 墙面面积（含门窗面积）；空间长 × 空间宽 = 天棚面积；（墙面面积 + 天棚面积 – 门窗面积）÷35= 使用桶数。例如，长 5m、宽 4m、高 2.7m 的空间，室内的墙、天棚涂刷面积计算方法如下，墙面面积：（5m+4m）×2×2.7m=48.6m^2（含门窗面积 4.5 m^2）。天棚面积：5m×4m = 20 m^2。涂料量：（48.6m^2+20m^2 – 4.5m^2）÷35m^2 / 桶 =1.83 桶。实际需购置 5L 装的涂料 2 桶，余下可做备用。

● **墙漆计算方法**。墙漆施工面积（m^2）=（建筑面积 ×80%–10）×3。建筑面积就是购房面积，现在的实际利用率一般在 80% 左右，厨房、卫浴间一般采用瓷砖、铝扣板的面积大多在 10m^2。

● **用漆量**。按照标准施工程序的要求，底漆的厚度为 30 μm，5L 底漆的施工面积一般在 65~70m^2；面漆的推荐厚度为 60~70 μm，5L 面漆的施工面积一般在 30~35m^2。底漆用量 = 施工面积 ÷70；面漆用量 = 施工面积 ÷35。

● **建议**。以上只是理论涂刷量，因在施工过程中涂料要加入适量清水，如涂刷效果不佳还需补刷，所以以上用量只是最低涂刷量，实际购买时应在精算的数量上留有余地。

∧ 有的空间会采用壁纸和涂料结合设计的方式，所以可以减去这些墙面面积

（7）木线条

木线条的主材料即为木线条本身。核算时将各个面上木线条按品种规格分别进行计算。所谓按品种规格计算，即把木线条分为压角线、压边线和装饰线三类，其中又分为分角线、半圆线、指甲线、凹凸线、波纹线等品种，每个品种又可能有不同的尺寸。计算时就是将相同品种和规格的木线条相加，再加上损耗量。一般对线条宽 10~25mm 的小规格木线条，其损耗量为 5%~8%；宽度为 25~60mm 的大规格木线条，其损耗量为 3%~5%。对一些较大规格的圆弧木线条，因为需要定做或特别加工，所以一般都需单项列出其半径尺寸和数量。

● **木线条的辅助材料**。如用钉枪钉来固定，每 100m 木线条需 0.5 盒，小规格木线条通常用 20mm 的钉枪钉。如用普通铁钉（俗称 1 寸圆钉），每 100m 需 0.3kg 左右。木线条的粘贴用胶，一般为白乳胶、309 胶等，每 100m 木线条需用量为 0.4~0.8kg。

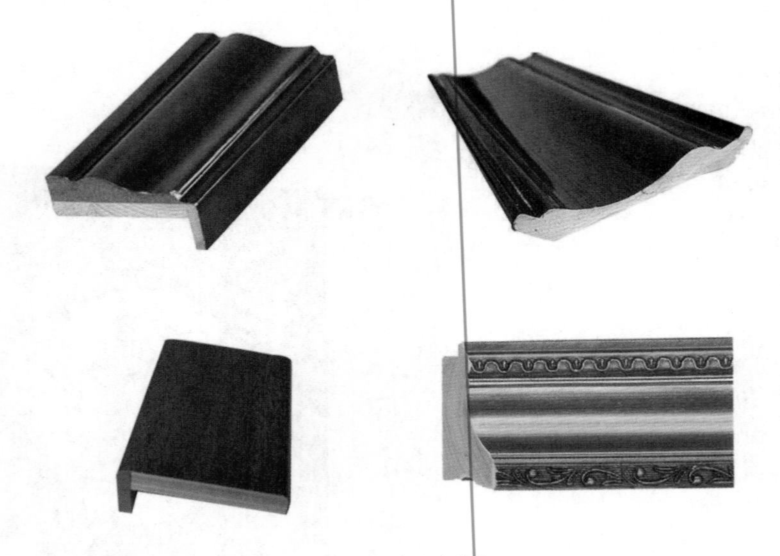

∧ 不同样式的木线条

（8）装修总造价

- **基本费用**。材料费 + 人工费。
- **管理费**。基本费用 ×5%。
- **税金**。（基本费用 + 管理费）×3.41%。
- **装修总造价**。基本费用 + 管理费 + 税金。

思考与巩固

1. 大花纹壁纸的损耗大还是小花纹壁纸的损耗大？壁纸要预留多少损耗？
2. 常见的墙地砖尺寸是多少？精确的用量应该怎样算？

第二章 水电材料

“隐蔽工程”直接影响到业主入住后的安全问题，稍有差错，轻则会出现短路、渗水，重则会出现火灾，直接威胁业主的人身安全。

因此，水管电线的质量要过关，施工过程也要重点注意。

扫码下载本章课件

一、水路管材及其配件

学习目标	本小节重点讲解水电所需的材料以及应用，并用图片加文字的方式清晰展示隐蔽工程的施工流程。
学习重点	熟悉水路施工的具体步骤和相关标准。

1 水路改造管材的主要类别及应用

家庭水路改造需要用到的管道，常见的可分为冷水管、热水管、暖气管、煤气管、下水管等。而从材质上看，一般有镀锌管、PVC 管、铝塑复合管、PP-R 管、铜管和不锈钢管等几类。

（1）常见的水路管道材料

● 镀锌管。交房的时候家里的水管可能是这种材质的，不但不能暗埋，还容易渗漏，而且很容易腐蚀造成水质污染。这种水管基本上在水改时都应直接更换掉。但是一般煤气管、暖气管、下水管还可以使用该类管材，而冷水管和热水管不要使用。

● PVC 管。PVC（聚氯乙烯）管是一种现代合成材料管材，但近年研究发现，能使 PVC 变得更为柔软的邻苯二甲酸酯，对人体肾、肝影响甚大，会导致癌症、肾损坏，破坏人体机能，影响发育。因此只有下水管可以使用该类水管，其他类型管道不宜使用该类管材。

● 铝塑复合管。铝塑复合管是市面上较为流行的一种管材，其质轻、耐用而且施工方便，可弯曲性强，更适合在家装中使用。冷水管、热水管、暖气管都可以使用该类管材，但其弱点是用作热水管时容易渗漏。

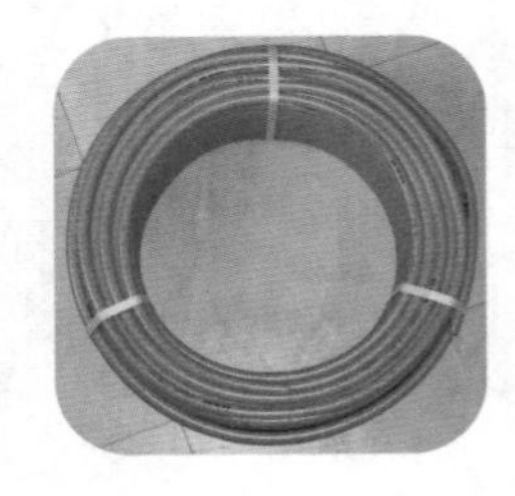

● **PP-R管**。它既可以用作冷水管，也可以用作热水管，由于其无毒、质轻、耐压、耐腐蚀，正在成为一种广为推广的材料，也是目前水路改造的首选材料。

（2）常见暖气管材料

暖气管大多采用的是PP-R管和PB管两种，这两种材料都有很好的耐低温和耐高温性能，都可以热熔焊接；不同的是，PP-R管相对于PB管要便宜得多，所以，现在暖气管都以PP-R管为首选。

● **PP-R管**。现在市场上PP-R管的牌子很多，价格差异大，质量良莠不齐。所以，若采用PP-R管，在安装前必须进行检验，认定质量合格后才能使用。最重要的是要检验管材和管件的外观质量以及管径和壁厚。

● **PB管**。PB管是一种高分子惰性聚合物管材，具有很高的耐温性、持久性、化学稳定性和可塑性，无味、无毒、无臭，温度适用范围是-30~100℃，具有耐寒、耐热、耐压、不生锈、不腐蚀、不结垢、寿命长（可达50~100年）的特点，是目前世界上最尖端的化学管材之一。

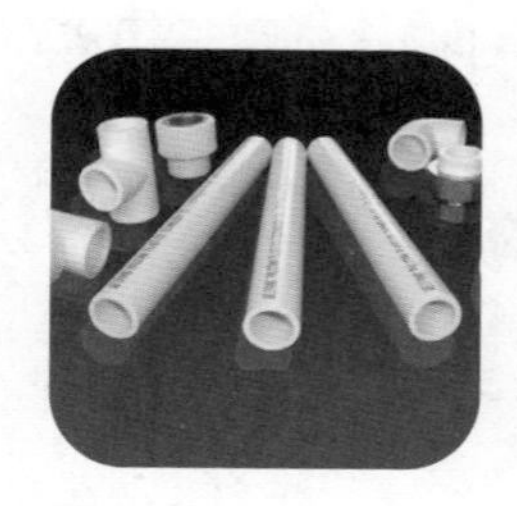

（3）家庭燃气管材质

一般而言，大家所说的煤气管指的是家用的燃气管。在市面上，常见的燃气管有热镀锌管、不锈钢波纹管、燃气铝塑管等。

● **热镀锌管**。通常用于煤气输送的是热镀锌管。这种镀锌管不仅有较高的耐腐蚀性，而且使用寿命还很长，不过由于其接口过多，施工麻烦，正逐步被市场淘汰。

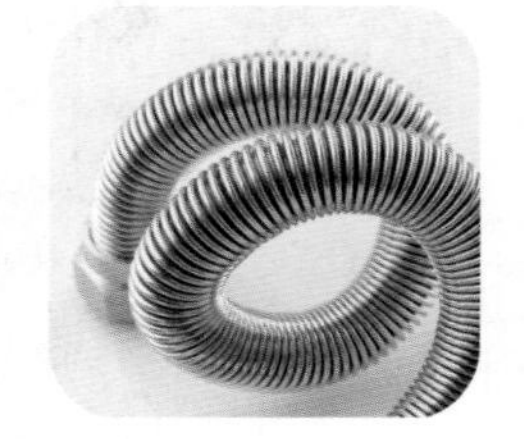

● **不锈钢波纹管**。不锈钢波纹管是一种柔软而且耐压的管件，除了用于煤气输送外，还用于液体输送系统中，主要是为了补偿管道或其他机械设备连接端口的相互位移。不锈钢波纹管除了柔软耐压外，还具有质量轻、耐腐蚀、耐高温等特点，因此，我国目前燃气管基本向不锈钢波纹管方向发展。

● **燃气铝塑管**。以铝塑管作为室内燃气管的时候，能够耐受强大的工作压力，而且由于管道可以延伸很长一段距离，需要接头的情况少，因此其对于气体的渗透率几乎接近于零。业主用铝塑管作为家庭燃气输送路线是安全可靠的，但要小心避免买到劣质的铝塑管，因为市场上劣质铝塑管受到碰撞时，很容易出现弯曲、变形，甚至是破裂的情况，威胁业主的生命财产安全。

材料实战解析

燃气管的安装关乎业主的生命财产安全，因此，国家及相关部门对此有一定的规范要求。燃气道一般不能自行安装，先要报装，然后由燃气公司派人入户布管，最后由装修施工人员按要求埋管。埋管时，业主一定要请专业的安装队伍，严格按照标准安装燃气管系统。

2 水管配件及应用

管材是家装给水改造的重要组成部分，但配件的质量比管材的质量更重要，由于水路在运行的时候承受的压力较大，如果配件的质量不好，管路的连接部分很容易发生渗漏甚至是爆裂。

● **丝堵**。丝堵是用于管道末端的配件，起到防止管道泄漏的密封作用，是水暖系统中常用的管件。一般采用塑料或金属铁制成，同时分为内丝（螺纹在内）和外丝（螺纹在外）。

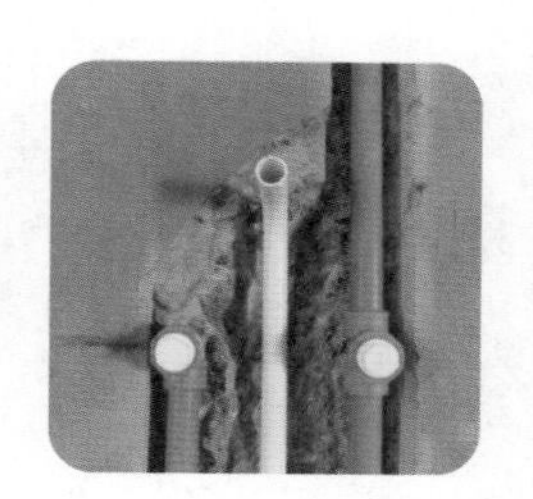

● **阀门**。阀门是用来改变水流流动方向或截止水流的部件，具有导流、截止、节流、止回、分流或溢流卸压等功能。家装中常用的阀门有截止阀和三角阀两种，用于不同部位。

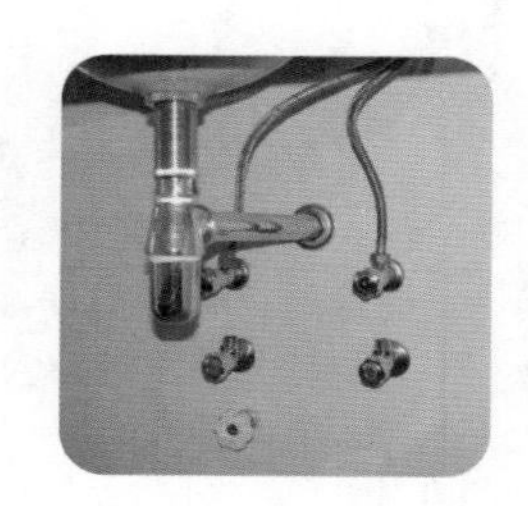

● **直接**。直接主要起到连接作用。它一端是塑料，一端是螺旋状金属，塑料和给水管连接，金属一端和金属件连接。直接分为内丝直接和外丝直接两种。在管路末端和阀门连接时需要直接转换。

● **活接**。使用活接方便拆卸、更换阀门。如果没有活接，维修时只能锯掉管路，如浴室中有些配件需要勤更换，就要用活接。活接更换方便，但价格比一般配件贵。活接在南方很少使用，在北方用得比较多。

● **生料带**。生料带是水暖安装中常用的一种辅助用品，将其缠绕于管件连接处，能够增强管道连接处的密闭性。生料带无毒、无味，具有优良的密封性，耐腐蚀。将阀门与出水口连接时就需要缠生料带。

● **管卡**。管卡是用于固定管路的配件，在暗埋管线时，将管路固定住，避免施工过程中管件发生歪斜，保护管路。管卡能保证在后期封槽时，管路还在应有位置上。具体固定管路时，距离宜 1m 一个。

● **直通**。直通是连接件，它用在两条直线方向的管路的汇集处，将两条管线连接起来，分为异径直通和等径直通。管线不够长的时候使用直通连接。

● **过桥弯管**。也叫绕曲管、绕曲桥，当两组管线呈交叉形式相遇时，上方的管路需要安装过桥弯管，使管线连接而不被另一条管路所阻碍。过桥弯管的主要作用是使管路顺利交叉通过。

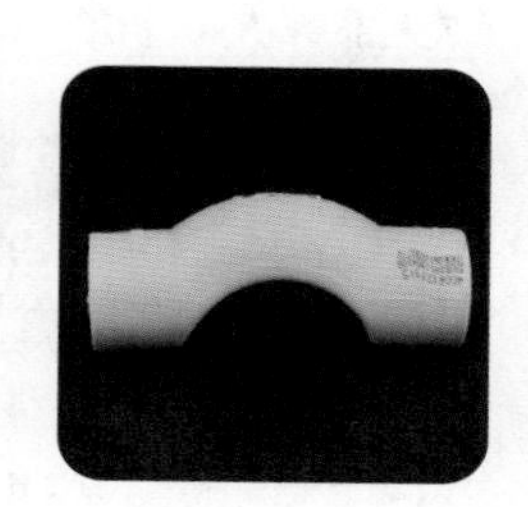

● **45° 弯头**。有两种款式，一种是两端的口径相同，另一种是口径不同，角度为 45° 。

● **90° 弯头**。适合连接角度为 90°的两条管路。此类弯头的两端口径相同，作用与等径 45°弯头类似，都是用来连接相同规格的管道。

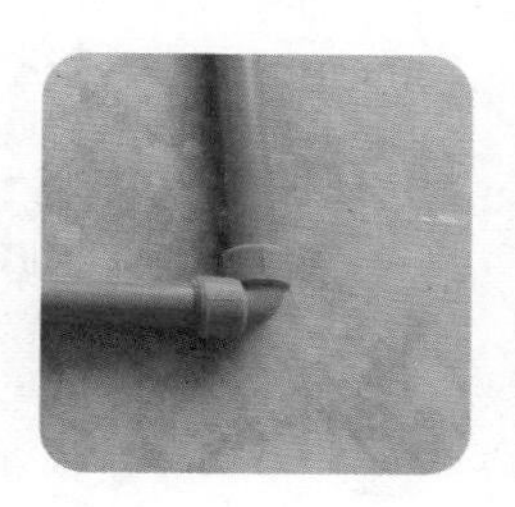

● **三通**。三通是常用连接件之一，又叫管件三通、三通管件或三通接头，用于三条相同或不同管径的管路汇集处，主要作用是改变水流的方向。三条管路管径相同的为等径三通，不同的为异径三通。

3 水管的选购及规格

（1）家用水管规格

类别	规格
给水管	一般总管要用 6 分（25mm）管，分管可选用 4 分（15mm）管或 6 分管
排水管	40mm 的一般用于台盆下水、地漏下水和阳台下水；50mm 的一般用于厨房下水；75mm 的一般用于厨房、阳台、台盆等的总排水；110mm 的一般用于坐便器下水、外墙下水

（2）水管的选购技巧

※ **选择购买地点。**根据需要到正规的建材市场去购买，这样水管的质量比较有保证。

※ **检查水管表面。**看其外观是否光滑均匀，可以用手摸一下，看手感是否细腻；同时要看水管上面是否标有厂家的防伪标识，如果没有，最好不要购买。

※ **看水管的颜色。**优质的不锈钢水管一般都是银白色，颜色偏黑的一般未经过酸碱钝化处理，容易结垢。优质的 PP-R 管颜色一般是亚光的乳白色，里面不会有杂色的颗粒，如果水管的颜色中混有一些杂色，则说明水管质量不好。

※ **闻气味。**对于塑料管，要闻水管的气味，如果水管有刺激的气味，则说明水管质量不好，优质的水管是不会有刺激气味的。

※ **选择连接方式。**金属管道要注意连接方式，家用时一般选用简单的自锁卡簧式连接。

4 图解水路改造施工流程及施工要点

材料进场 定位弹线 按线开槽

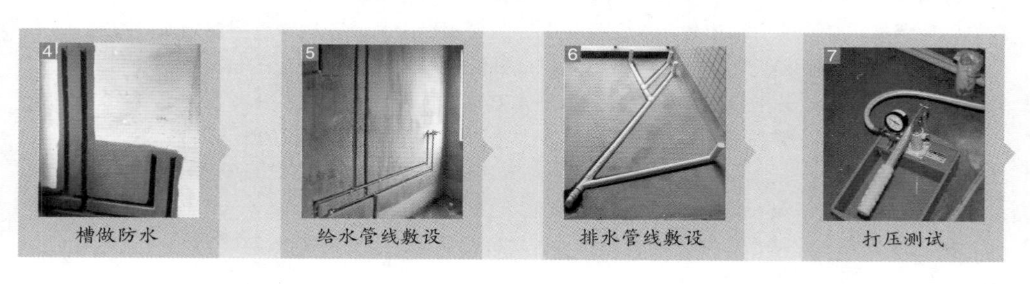

槽做防水 给水管线敷设 排水管线敷设 打压测试

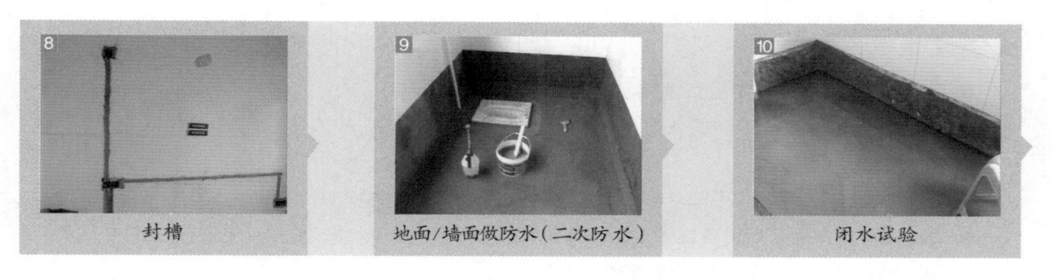

封槽 地面/墙面做防水（二次防水） 闭水试验

1 材料进场，平放在平整的地面上，避免磕碰、损伤。

2 用弹线的方式在墙面上标示出管路敷设的方向和转弯等，之后用开槽机切割定位线。

3 将槽心剔除，完成后槽线内应平整，没有凸起物，横平竖直。

4 位于厨房和卫浴间的槽应做防水。

5 给水管线敷设，热水管和冷水管布置为左热右冷、上热下冷，出水口必须水平。

6 排水管线敷设，地漏应在最低点。

7 打压测试，一般 PP-R 水管测压保压时间为 30 分钟。

8 调和与原建筑结构相同比例的水泥砂浆，将槽线封死。

9 二次防水主要是针对卫浴间墙地面与厨房地面做防水。

10 做闭水试验，检查是否有渗水现象。

5 给水管和排水管的铺设要求

家庭水路管线分为给水管线和排水管线两种，用途不同，所使用的管线的材质、类型以及铺设方式也有一定的区别，只有懂得施工工序和标准才能更安全、有效地施工。

（1）给水管铺设要求

● 管线尽量与墙、梁、柱平行，成直线走向，距离以最短为原则。

● 顶部排管施工较麻烦，需要安装管卡，并套上保温套，优点是检修方便，不容易出现爆裂，适合北方，但费用高，且长度变长会增加阻力，不适合高层使用。

● 墙槽排管需横平竖直，若管线需要穿墙，单根水管的洞口直径不能小于 50mm；若两根同时穿墙，应分别打孔，间距不能小于 150mm。

● 地槽排管，安装快捷，线路短，花费较少，适合南方或管线过长的情况。施工时若遇到主、次管线交叉的情况，次管线必须安装过桥，且应位于主管线下方。

● 冷、热水管安装一般为左热右冷，间距为 150mm。

● 给水管安装完毕后，需要用管卡对水管进行简易固定，进行打压测试。

（2）排水管铺设要求

● 所有通水的房间都要留有地漏和安装下水管。

● 管道需要锯断时，应测量长度后再动手，以免长度不够造成浪费，同时注意将连接件的部分考虑进去。

● 管道的断口处应平滑，断面没有任何变形，插口部分可用锉刀锉 15°~30° 的坡口。

● 管道安装完成后，用堵头将管道预留弯头堵住，进行打压测试，压力 0.8MPa，以恒压 1h 没有变化为合格，以确保管道没有漏水处。

∧ 排水管弯头堵住

6 水路施工应注意的问题

（1）尽量走顶、走墙不走地

厨房的地面要做防水处理，一旦地面管线出现问题，需要刨地并重新做防水，很麻烦，因此管线尽量走顶、走墙。

（2）管道口尽量隐藏

厨房内有橱柜，在进行水路布局前，建议尽量对橱柜的结构有个概念，将排水口、水表等设计在洗碗池的下方，隐藏起来，看起来比较整洁。

> 厨房管道口及水表尽量隐藏起来

（3）洁具型号先有数

卫浴间内的水路与厨房一样，建议尽量走顶、走墙。与厨房不同，卫浴间内的洁具较多，出水口也就多。由于洁具是最后安装的，因此很多人都是最后再买，可能会出现出水口或排水口与洁具高度不等的情况。

因此建议在水路改造前，先选好款式和型号，记录一下高度，避免后期安装不上的麻烦。

（4）需做防水的部位

- 如果使用淋浴房，淋浴部分墙面防水需要做到 180cm 以上。
- 若墙面不全面做防水，有出水管的地方需要做防水，如面盆出水口。
- 卫生间里如果不使用淋浴房做阻挡，则墙面需要全部做防水。
- 地面必须做防水，如果地面做了水路改造，则需要做二次防水。

思考与巩固

1. 排水管有哪些规格？分别用于哪些部位？
2. 给水管、排水管都有哪些铺设要求？

二、电线与电线套管

学习目标	本小节重点讲解电线、电线套管的类别特征及施工方法。
学习重点	了解家用电线的种类、规格及适用空间。熟悉电路施工的流程和应注意的问题。

1 电线的主要应用和分类

（1）家用电线的应用

电路改造材料中最为重要的就是电线，尤其是目前有不少电器设备功耗很高，对于电线的要求也更高。一般来说家装分支回路越多越好。根据国家标准，一般住宅都要有 5~8 个回路，即空调专用回路、普通插座用电回路、卫浴间用电回路、厨房用电回路、照明用电回路、其他回路（根据需求设计）。电线分路可有效避免空调等大功率电器启动时造成的其他电器电压过低、电流不稳定的问题，同时又方便了分区域用电线路的检修，多回路设置也避免了大面积跳闸的问题。

（2）家用电线的分类

家用电线按照线芯导体的不同，可分为硬线、软线和弱电线。软线，专业称为 BVR 电线，适用于交流电压 450V/750V 及以下动力装置、日用电器、仪表及电信设备，如配电箱。软线相对硬线制作较复杂。硬线，专业称为 BV 电线，主要用于供电、照明、空调、插座，适用于交流电压 450V/750V 及以下动力装置、日用电器、仪表及电信设备用的电缆电线。硬线有一定的硬度，在折角、拉直方面会比较方便一些。弱电线可由单根或数根铜芯线组成，电压比较低的电缆电线，多为弱电线。

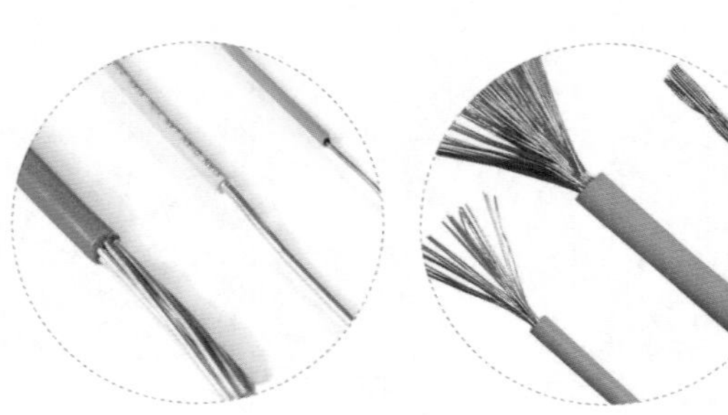

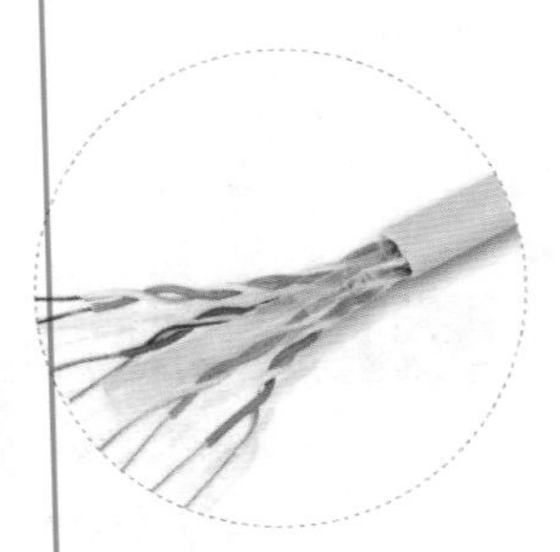

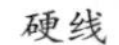

硬线　　软线　　弱电线

2 家用电线的规格及选购

（1）家用电线常见规格

家装中使用的电线一般为单股铜芯线，也可以选用多股铜芯线，比较方便电工穿线管。其截面面积主要有四个规格，$1.5mm^2$、$2.5mm^2$、$4mm^2$和$6mm^2$。$6mm^2$的铜芯电线主要用于进户主干线，家装中几乎不用或用量很少，根据需要订购。$1.5mm^2$的电线一般用于灯具和开关线，电路中地线一般也用，双色线较多，以便于区分。$2.5mm^2$铜芯线一般用于插座线和部分支线，$4mm^2$铜芯线用于电路主线和空调、电热水器等的专用线。以下为家居中各空间所用的电线规格表。

空间	规格
客厅	电视用 SYV75-5 的视频线、空调用$4mm^2$的 BV 铜芯线、饮水机用$2.5mm^2$的 BV 铜芯线、照明灯 3 组用$1.5mm^2$的铜芯线、取暖器用$2.5mm^2$的 BV 铜芯线
厨房	冰箱用$2.5mm^2$的 BV 线、厨宝$2.5mm^2$的 BV 线、抽油烟机用$2.5mm^2$的 BV 线、电饭锅$2.5mm^2$的 BV 线、电磁炉用$2.5mm^2$的 BV 线、消毒柜用$4mm^2$的 BV 线、照明灯 2 组用$1.5mm^2$的 DBV 线
卧室	照明灯用$1.5mm^2$的 BV 线、取暖器用$2.5mm^2$的 BV 线、空调用$4mm^2$的 BV 铜芯线
卫浴间	浴霸用$4mm^2$的 BV 线、热水器用$4mm^2$的 BV 铜芯线

材料实战解析

电线的规格决定了电线的安全载流量，铜线的每平方毫米线径允许通过的电流为 5~7A，所以电线的横截面积越大，其安全载流量就越大。因此在电线的横截面积选择上应遵循“宁大勿小”的原则，这样才能有较大的安全系数。

（2）家用电线的选购

※ **看电线外观**。好的电线产品外观应该光滑圆整，色泽均匀，所以在选购的时候要把电线拆开检查一下，看看外观是不是色泽均匀，如果出现变色等情况证明电线的品质不过关。

※ **看绝缘层**。正规电线绝缘层厚度均匀，不偏芯，并紧密地包在导体上。伪劣电线绝缘层看上去好像很厚实，实际上大多是用再生塑料制成的，只要稍用力挤压，挤压处就会呈白色，并有粉末掉落。

※ **看线芯**。选用纯正铜原材料生产并经过严格拉丝、退火（软化）、绞合的线芯。其表面应光亮、平滑、无毛刺、绞合紧密度平整、柔软有韧性、不易断裂。可以要求商家剪一个断头，看铜芯材质。

※ **看产品合格证**。电线产品合格证上会把“CCC”认证标识、商标、型号规格、额定电压、长度、检验、制造日期、执行标准、厂名、厂址、电话等标识都印刷得清清楚楚，并且与产品相符合，这些才是正规厂家生产的产品。

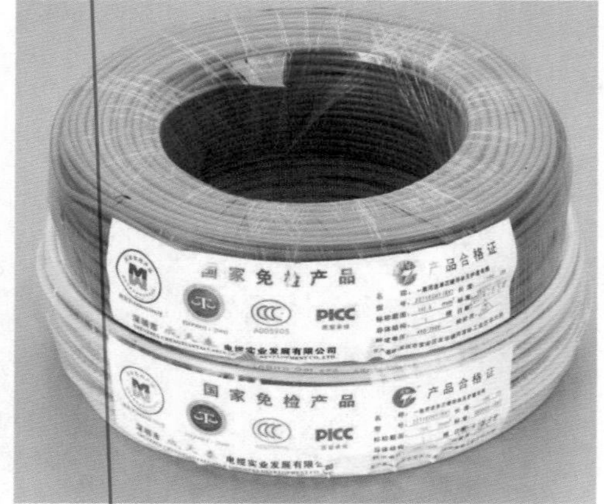

3 PVC 电线套管及其配件

（1）PVC 电线套管的作用和特点

PVC 电线套管的主要作用是保护电缆、电线。家庭电路多为暗敷，即埋在墙内，如果不将电线穿到管内而直接埋在墙内，时间长了会导致电线皮碱化而破损，发生漏电甚至是火灾。PVC 电线套管具有抗压力强、重量轻、内壁光滑、摩擦系数小等特点，在穿用电线时轻松，不损伤电线。搬、运要比金属钢管和水泥管轻松、方便。施工安装简便，既省事又省力。

（2）PVC 电线套管的配件

● 弯头。电工套管的弯头，用于电线线路需要转换方向的位置，将弯头与两侧的管路连接，从而使线路转换方向，有 90° 的直角弯头、圆弧形的月牙弯头。使用弯头时可不再使用弯管。

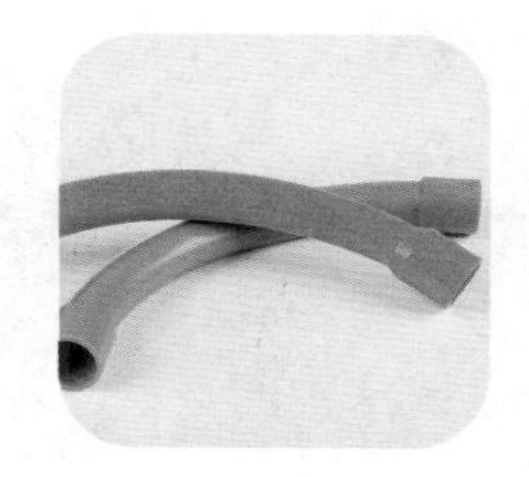

● 螺接。暗盒的配套配件，装在暗盒的洞口处，穿入暗盒中的电线需要通过螺接才能进入暗盒中，能够保护电线、固定线管，通常与暗盒配套使用。

● 管卡。管卡在施工中起到固定单根或多根 PVC 电线套管的作用。当线管多根并排走向时，可采用新型的可组装的管卡组装卡管。

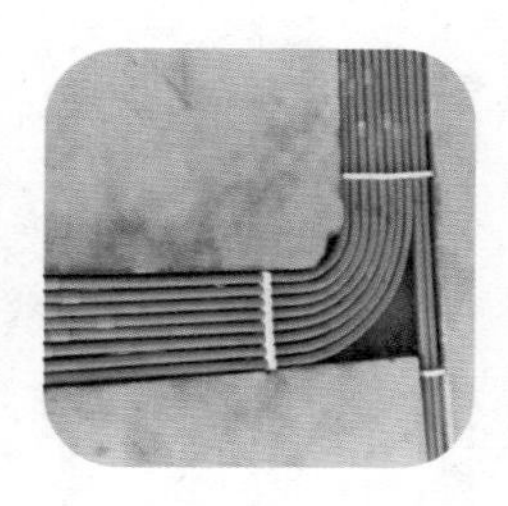

● 暗盒。安装电器的部位与线路分支或导线规格改变时就需要安装线盒。在线盒中完成穿线后，上面可以安装开关、插座的面板。

4 图解电路改造施工流程及施工要点

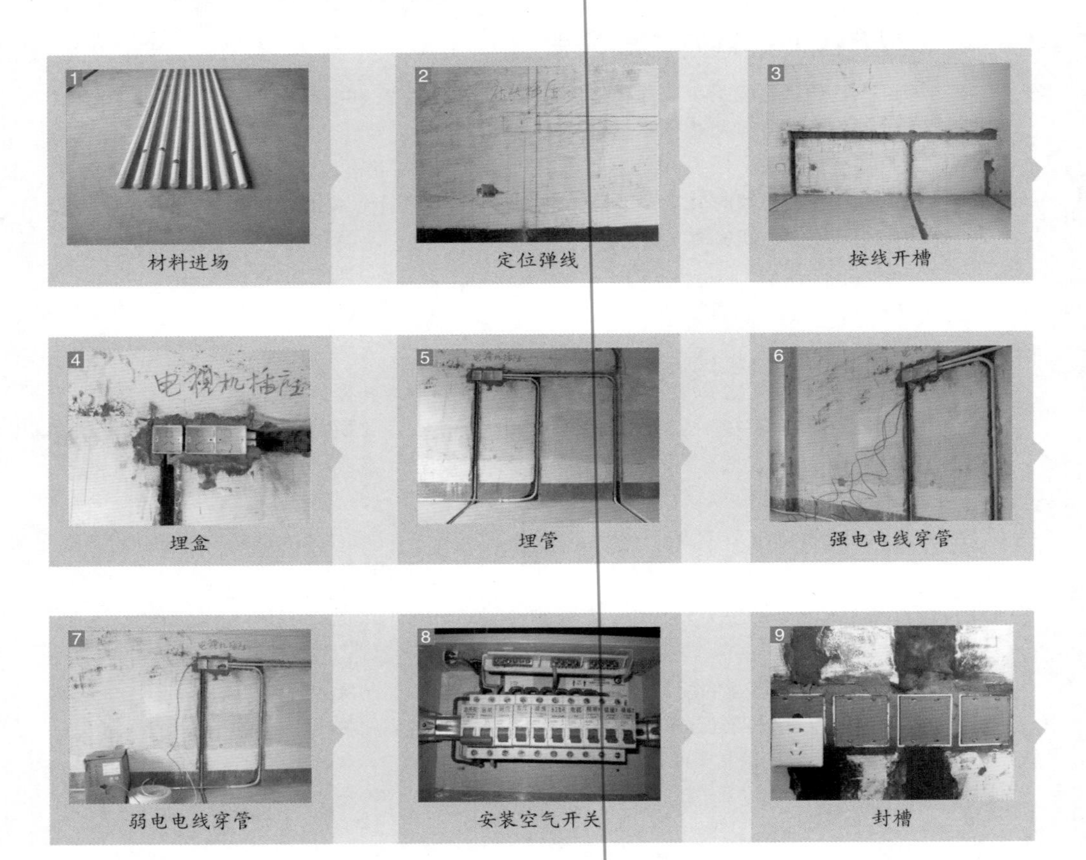

1 材料进场，平放在平整的地面上，避免磕碰、损伤。

2 用弹线的方式在墙面上标示出开关、插座的高度位置及线路走向，之后用开槽机切割定位线。

3 将槽心剔除，完成后槽线内应平整，没有凸起物，横平竖直。

4 将暗盒埋在墙内。

5 将电线保护管埋在墙内。

6 强电电线进行穿管。

7 弱电电线进行穿管。

8 安装空气开关，强电进行电路绝缘电阻测试，弱电测试信号，而后将线头套上保护。

9 调和与建筑相同比例的水泥砂浆封槽。

5 电路定位的要求

电路定位就是根据家庭用电设备的类型、数量、安装位置，决定室内开关、插座的具体数量和位置，以确定线路的走向。具体内容可以总结为以下几点。

1 明确各个空间中开关的位置以及类型（是单控还是双控）；明确插座的类型，特别是卧室中的有无特殊需求，例如是否带有USB插口

2 顶面、墙面、柜内的灯具类型、数量和分布情况

3 将所有的位置在墙面上用彩色粉笔或铅笔标示出来，要求字迹要明显

4 标示的字迹宜避开开槽的位置，且字体、颜色应一致

5 同一个房间顶部使用多盏灯的时候，需要分组控制

6 卧室是使用壁灯还是使用台灯，若使用台灯需要考虑确定插座是在床头柜上方还是背面

7 定位空调插座时，需要确定空调的类型以及安装位置

8 考虑是否有特殊用电需求的电器

9 定位厨房的插座时，最好对橱柜的结构、款式有一个具体概念

10 电视等需要下方摆放柜体的电器，设计插座时应将柜子的高度考虑进去

11 如果有音响设备，对其型号、安装方式和安装方位做到心里有数，特别需要注意布线是自己完成还是厂家完成

12 如果室内安装固定电话，应确认安装的房间位置，以及是安装单体电话机还是安装子母机

6 电路施工应注意的问题

(1) 开槽要求很严格

电路施工，在定位画线后，与水路操作相同，下面的工序都是开槽。槽线不能随意乱开，一定要严格地按照所画的线进行，且宽度及深度都有严格要求，边线要求整齐，底部不能有明显的凸出物。需要注意的是电路与暖气、热水、煤气管路之间的平行距离应大于 30cm，且不宜交叉走线。

(2) 墙槽尽量避免横开

在墙面上尽量竖向开槽，规范要求不能开横槽，若不能避免，应尽量减少横向槽的长度和数量。如果横向槽长度过长，墙面会因为重力而下沉，导致出现裂缝，使室内出现安全隐患。若墙体为保温材料，则会破坏保温层。

墙面中间竖向开槽

(3) 地槽避免交叉

地面开槽是必要的，也是最常见的一种电路铺设形式，地面开槽的好处是可以降低地砖的空鼓率，铺砖时不易损坏电线。需要注意的是，地面开槽应尽量避免槽线交叉，如果不能避免，则要处理好交叉处的线管排列顺序。

地面横平竖直排列开槽

（4）电线数量有要求

一根线管中的电线数量并不是随意地放几根都可以，而是要尽量减少，最多不宜超过 3 根，过多则不利于检修。管内的电线横截面面积不能超过管直径的 40% 为最佳，且管内的线不能有接头，必须一整根线穿过管体。

（5）固定线管

墙面电线穿管完毕后，需要用水泥或快干粉进行点式固定，同一个槽中选择几个点进行封闭固定。同样，暗盒部分安装完毕后也要固定，防止松动。地面部分的线管用管卡进行固定，后期再统一封槽。

（6）线头需留长

当电线穿管完成后，截断电线时需要注意，外部头的长度不能低于 15cm，相线进开关，零线进灯头。

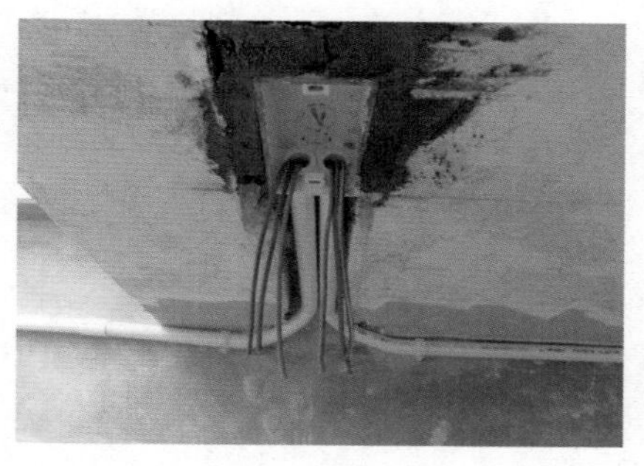

∧ 一根线管中最多只能穿三根电线，导线头预留不能少于 15cm

（7）不同线要分管

不仅强电线和弱电线要分开距离，不同的弱电信号线也要分管敷设，不能放在一根管中，以避免互相影响，使信号受到干扰。

材料实战解析

规范开槽的好处：电路布线的线路清晰、规整，方便后期的施工和完工后的维护、检修；规范的槽线方便后期安装电器和挂件，可以避免电线受损伤；如果居于北方且使用地暖，规整的地面线槽有利于地暖的大面积铺装，混乱的槽线只能将保温板裁切成小块，不利于后期的保温；若后期铺装实木地板，则有利于龙骨的铺设，便于找平。

思考与巩固

1. PVC 电线套管有什么作用？相关的配件有哪些？

2. 电路施工可以大面积开横槽吗？

三、开关、插座

学习目标	本小节重点讲解开关插座的种类、用途及安装。
学习重点	了解家用开关的功能特点及适用范围，并熟悉相关的安装规范。

1 开关、插座的主要种类及应用

（1）开关的主要种类及应用

开关的品牌和种类很多，按启闭方式可分为翘板开关、调光开关、调速开关、延时开关、定时开关、触摸开关、红外线感应开关等多种；按额定电流大小可分为 6A、10A、16A 等。

按使用用途分，室内装修常用的有单控开关、双控开关和多控开关。单控开关在家庭电路中是最常见的，也就是一个开关控制一个或多个灯具，如厨房使用一个开关控制一组照明灯光。双控开关就是两个开关同时控制一个或多个灯具。双控开关用得恰当，会给家居生活带来很多便利。如卧室的照明灯，可以在进门处安装一个开关控制，然后在床头上再接一个开关同时控制，这样进门时可以用门旁的开关打开灯，睡觉时可以直接用床头的开关。同理，多控开关能实现在无限多的地点控制照明灯。

（2）插座的主要种类及应用

插座是每个家庭中都必备的电料之一，它的好坏直接关系到家庭日常安全，而且是保障家庭电气安全的第一道防线。插座按外观和用途可分为：三孔插座、四孔插座、五孔插座、插座带开关、地面插座、电视插座、音响插座、网络插座、双信息插座等。按功能还可分为普通插座、安全插座、防水插座等。安全插座内部带有安全弹片，当插头插入时安全弹片会自动打开，插头拔离时保护门会自动关闭插孔，可有效地防止意外事故发生，特别适合有小孩的家庭。

五孔插座和单独开关

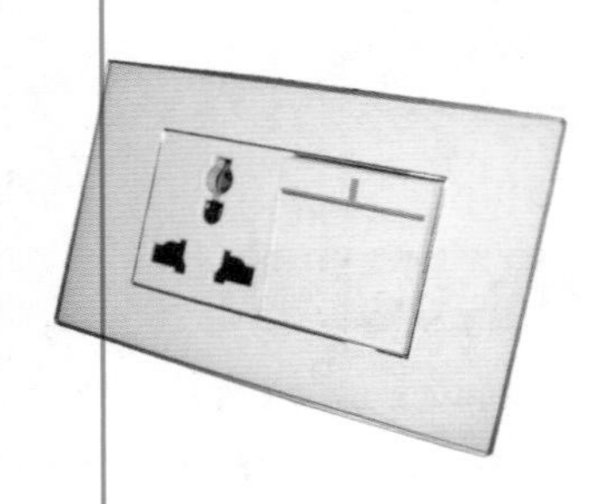

插座带开关

开关种类表

类别		功能	特点	应用范围
翘板开关		开关方便，只需轻轻一按便可控制灯光的有无	款式最多，安装简单，方便维修	卧室、客厅、过道建议使用双控开孔
调光开关		不仅可以控制钨丝灯的亮度以及开启、关闭的方式，而且有些调光还可以随意改变光源的照射方向	改变灯具亮度和控制灯具的开、关	适用于比较复杂的灯具，不能调节节能灯和日光灯
调速开关		一般情况下调速开关都是配合吊扇来使用的，可以通过转动调速开关的按钮来改变吊扇的转速以及控制吊扇的开、关	方便吊扇的开、关	适合安装有吊扇的家庭
延时开关		在按下开关后，此开关所控制的电器并不会马上停止工作，而是会延长一会儿才会彻底停止工作	具有延时效果，设备不会马上关闭	适合用于控制卫浴间的排风扇
定时开关		定时开关就是设定多长时间后关闭或开启设备，它就会在多长时间后自动关闭或开启设备的开关	能够提供更长的控制时间范围	可用于灯具、电动窗帘的控制
触摸开关		触摸开关是一种电子开关，使用时轻轻点按开关按钮就可使开关接通，再次触碰时会切断电源	比翘板开关更省力、更卫生，但维修不方便	卧室、客厅、过道均可使用
红外线感应开关		用红外线技术控制灯的开、关，当人进入开关感应范围时，开关会自动接通负载，离开后，开关就会延时自动关闭负载	无须触碰，靠感应来开启或关闭	很适合用在阳台或者儿童房中

插座种类表

类别	功能	特点	应用范围
三孔插座	三孔插座有 10A（用于 2200W 以下电器及 1.5P 以下空调）和 16A（用于 1.5~2.5P 空调）两种	有接地线的保护措施，避免触电	大部分家用电器都适用
四孔插座	四孔插座分为普通四孔插座（可同时插接两个双控插头）和 25A 三相四极插座（用于插接 3P 以上大功率空调）	三相四极插座的四个孔为正方形分布	双插头电器多的地方或大功率空调的位置
多功能五孔插座	一种是可以接进口电器的插座；还有一种是三孔功能不变，另外两孔可以直接接 USB 线，给手机等智能设备充电的插座	功能强大，可接国外进口电器	需要 USB 充电的位置或需要使用进口电器的位置
插座带开关	插座上带有翘板开关，可以通过开关来控制插座电流的通断，不用再插、拔电器的插头，避免插头受损	使用方便，减少损耗	经常需要使用的电器的位置，如电饭锅
地面插座	一种地面形式的插座，有一个带有弹簧的盖子，使用时打开，插座面板会弹出来，不使用时关闭，可以将插座面板隐藏起来	内置于地面中，可隐藏	适用于不方便使用墙面插座的位置
网络插座	网络插座是用于接通网络信号的插头，可以直接将计算机等使用网络的设备与网络连接，在家庭中较为常用	将网线固定在墙上，可多屋同时使用	除卫浴间和厨房外，可每个空间都可装
双信息插座	同时接通两种信号线的插座，有两个插口，可以同时接一种信号，也可以接两种不同的信号	方便信号线的集中控制	适合安装在沙发旁边、床头等位置
音响插座	用于接通音响设备，包括一位音响插座和二位音响插座。前者又名两端子音响插座，用于接音响；后者用于接功放	将音频信号固定在墙上，使用方便	适合有音响和功放的家庭

2 开关、插座的房间布置

卧　室

● 插座。床头两边各 1 个（电话 / 床头灯）；电视 2 个；空调 1 个（三孔带开关）；计算机 1 个（三孔带开关）；预留 1~2 个。

● 开关。双控或双回路控制吸顶灯开关（门边和床头）；装饰效果灯开关。

客　厅

● 插座。电视 2 个；空调 1 个（三孔带开关）；沙发两侧各 1 个；预留 1~2 个。

● 开关。吊灯双回路控制开关；玄关灯双控开关；装饰效果灯开关。

卫浴间

● 插座。热水器 1 个（三孔带开关）；洗衣机 1 个（三孔带开关）；镜边 1 个（吹风机）；坐便器边 1 个（电话）；预留 1~2 个。

● 开关。镜前灯开关；排风扇开关（最好在坐便器边上）；吸顶灯或浴霸开关。

厨　房

● 插座。油烟机 1 个（三孔带开关）；炉灶下 1 个（以防以后换为电器灶）；水槽下 1 个（可以装小厨宝——小型容积壁挂式电热水器 / 垃圾粉碎器）；水台边 1 个；操作台上 2~3 个（用于小电器 / 带开关）；微波炉 1 个（三孔带开关）；消毒柜 1 个（三孔带开关）；预留 1 个。

● 开关。吸顶灯开关；操作台灯开关 。

餐　厅

● 插座。电冰箱 1 个（三孔带开关）；餐桌边 1~2 个；预留 1~2 个。

● 开关。吊灯双回路控制开关；装饰效果灯开关。

阳　台

● 插座。预留 1~2 个。

● 开关。吸顶灯开关。

玄　关

● 插座。预留 1 个。

● 开关。与客厅开关处做双控。

书　房

● 插座。计算机 1 个（三孔带开关）；空调 1 个（三孔带开关）；书桌边 1 个（台灯）；预留 1~2 个。

● 开关。吊灯开关。

3 开关、插座的选购及安装高度

※ 看外观。开关的款式、颜色应该与室内的整体风格相吻合。

※ 试手感。品质好的开关大多使用聚碳酸酯（又叫防弹胶）等高级材料制成，防火性能、防潮性能、防撞击性能等都较高，表面光滑。好的开关、插座的面板要求无气泡、无划痕、无污迹。开关拨动的手感轻巧、不紧涩，插座的插孔需装有保护门，插头插拔需要一定的力度且单脚无法插入。

※ 测重量。铜片是开关、插座最重要的部分，具有相当的重量。在购买时应掂量一下单个开关插座，如果是合金的或者薄的铜片，手感较轻，其品质则很难保证。

※ 看品牌。开关、插座的质量关乎电器的正常使用以及生活、工作的安全。低档的开关、插座使用时间短，需经常更换。知名品牌厂家会向消费者进行有效承诺，如“质保 12 年”“可连续开关 10000 次”等，所以建议消费者购买知名品牌的开关、插座。

※ 注意开关、插座的底座上的标识。如国家强制性产品认证（CCC）、额定电流和电压值、产品型号和生产日期等。

开关、插座的安装高度

开关安装高度

（1）拉线开关距地面的高度一般为 2~3m，距门口为 1.5~2m；且拉线的出口应向下，并列安装的拉线开关相邻间距不应小于 20mm；
（2）扳把开关距地面的高度为 1.4m，距门口 1.5~2m，开关不得置于单扇门后；
（3）成排安装的开关高度应一致，高低差不大于 2mm。

插座安装高度

（1）儿童活动场所应采用安全插座，采用普通插座时，其安装高度不应低于 1.8m；
（2）同一室内安装的插座高低差不应大于 5mm，成排安装的插座高低差不应大于 2mm。

4 开关、插座底盒的连接规范

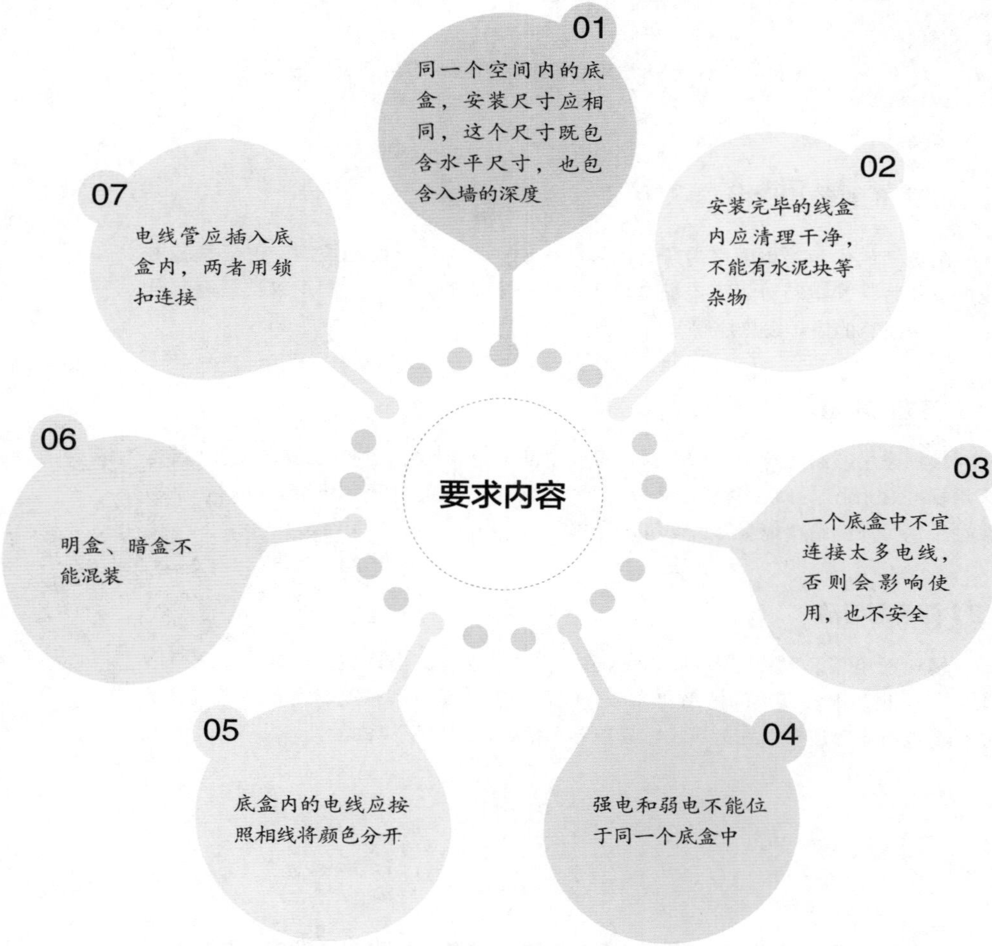

要求内容

01 同一个空间内的底盒，安装尺寸应相同，这个尺寸既包含水平尺寸，也包含入墙的深度

02 安装完毕的线盒内应清理干净，不能有水泥块等杂物

03 一个底盒中不宜连接太多电线，否则会影响使用，也不安全

04 强电和弱电不能位于同一个底盒中

05 底盒内的电线应按照相线将颜色分开

06 明盒、暗盒不能混装

07 电线管应插入底盒内，两者用锁扣连接

思考与巩固

1. 客厅需要安装几个开关、插座？分别安装在什么位置？
2. 开关、插座连接时应注意哪些问题？

四、配电箱、漏电保护器和电表

学习目标	本小节重点讲解配电箱和漏电保护器的种类、作用以及安装、购买方式。
学习重点	了解家装中配电箱、漏电保护器和电表的类别及适用范围。

1 配电箱的种类和作用

配电箱的作用是集中室内所有的线路，统一地进行分配和控制，保证家居用电的安全性。配电箱分为强电配电箱（家中所有的动力电总控制）以及弱电配电箱（家中所有的信号线总控制）。

（1）强电配电箱

根据家中控制回路空开的数量选择强电配电箱的尺寸，材质宜选择金属材料。采用标准 35mm 导轨，材料要坚固耐用。零线排、接地排采用铜合金材料，不易腐蚀生锈。外壳塑料或金属盖均可，要求牢固、结实。

（2）弱电配电箱

弱电配电箱又可称为多媒体信息箱，它的功能是将电话线、电视线、宽带线集中在一起，提供高效的信息交换与分配，能够让弱电信号更清晰。为了减轻干扰，弱电配电箱应安装在通风、容易控制的地方，不限于门口。

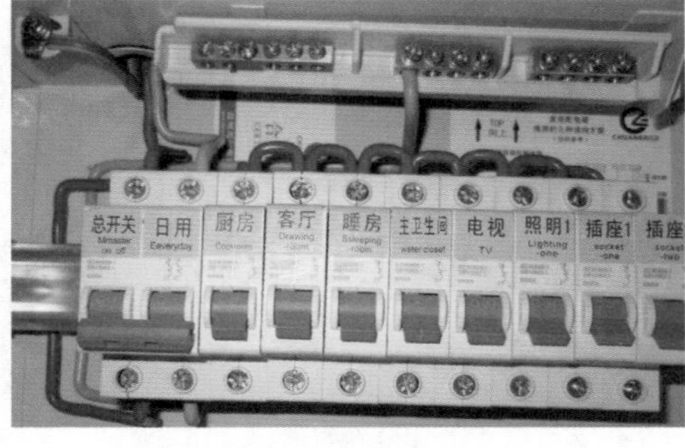

强电配电箱

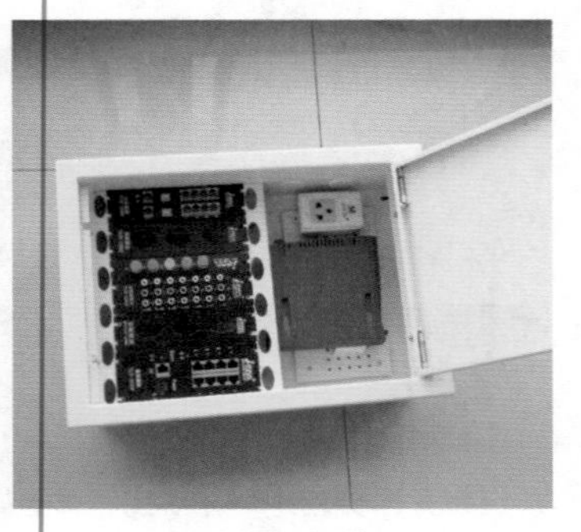
弱电配电箱

2 配电箱的设置及连接要求

（1）配电箱的设置要求

序号	内容
1	空开应分几路进行控制，如果面积小则可以按照房间分，若面积大则可继续细分，将每个房间的照明和插座分开控制，家庭配电箱建议购买20P以上的产品
2	配电箱的总空气开关，若使用不带漏电保护功能，则要选择能够同时分断相线、中性线的2P开关，如果夏天要使用空调等制冷设备，功率宜大一些
3	卫浴间、厨房等潮湿的空间，一定要安装漏电保护器
4	控制开关的工作电流应与所控制回路的最大工作电流相匹配，一般情况下，照明10A，插座16~20A，1.5P的壁挂空调20A，3~5P的柜机空调25~32A，10P中央空调需要独立的2P开关为40A，卫浴间、厨房25A，进户2P的空调40~63A

（2）配电箱的连接要求

- 除有特殊要求外，空开应垂直安装，倾斜角度不能超过 ±5°。
- 1P（110V）空开安装：相线进入空开，只对相线进行接通及切断，中性线不进入空开，一直处于接通状态。
- DNP空开安装：双进双出断路器，相线和中性线同时接通或切断，安全性更高。
- 2P（总空开220V）空开安装：双进双出断路器，相线和中性线同时接通或切断。
- 空开接线：应按照配电箱说明严格进行，不允许倒进线，否则会影响保护功能，导致短路。家用强电箱中的导线，截面面积需按照电器元件的额定电流来选择。

材料实战解析

P代表极数，指的是切断线路的导线根数，1P表示切断一根导线，只有一个接头接一根火线。P数增加表示切断线路的导线根数增加。

3 漏电保护器的作用和类型

（1）漏电保护器作用

除了空开外，还有一种断路器叫作漏电保护器。空开与漏电保护器外表区别不大，所以很多时候如果工人不安装，业主也不知道。漏电保护器在检测到电器漏电时，会自动跳闸。在水多的房间，例如厨房、卫浴间，最容易发生漏电，这条电路上就应该安装漏电保护器。如果热水器单独用一个空气开关，一定要安装漏电保护器。

我国因热水器漏电而导致的电击事件时有发生，而人们对于这方面的安全意识相对薄弱。漏电保护器在人体触电或电器漏电时，能够及时地切断电源，保护人身安全。

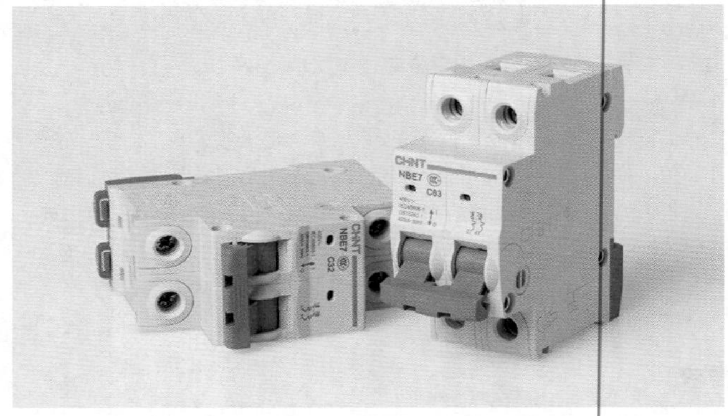

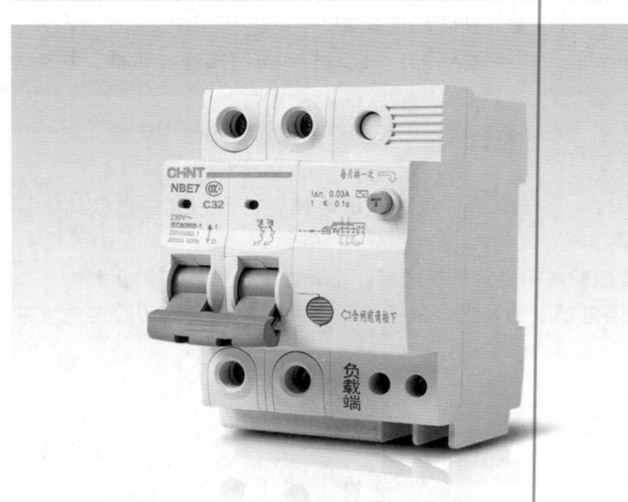

< 上图为普通空气开关，下图为漏电保护器，明显区别是漏电保护器带有一个按钮

（2）漏电保护器类型

目前市场上的用电保护装置多为漏电断路器（俗称漏电开关），主要有电磁式和电子式两种。市场供应的漏电断路器绝大多数是电子式的，如 DZL18、DZL33、DLK、DZL30~32 等。DZL18、DZL33、DLK 三种电子式漏电断路器除具有人身电击保护作用之外，还具有过压保护的作用，但不具备过载保护作用，因此选用这种漏电断路器时，必须串联熔断器。

电子式漏电保护器制作简单，价格低廉，是我国广泛采用的漏电保护器类型。但它不同于电磁式漏电保护器，当接地故障点靠近漏电保护器时，其值过低，不能使漏电保护器动作来避免事故的发生。因此，当采用电子式漏电保护器时，应注意漏电保护器的安装位置不能离插座太近，以保证漏电保护器处有足够的故障残压。

4 家用漏电保护器的选购

● 额定电压和额定电流应不小于电路正常工作电压和工作电流。

● 漏电保护器是国家规定必须进行强制认证的产品。在购买时一定要购买具有“中国电工产品认证委员会”颁发的《电工产品认证合格证书》的产品，并注意产品的型号、规格、认证有效期、产品合格证和认证标志等。

● 选购时可试试漏电保护器的开关手柄，好的漏电保护器分开时应灵活、无卡死、滑扣等现象，且声音清脆。关闭时手应有明显的压力。

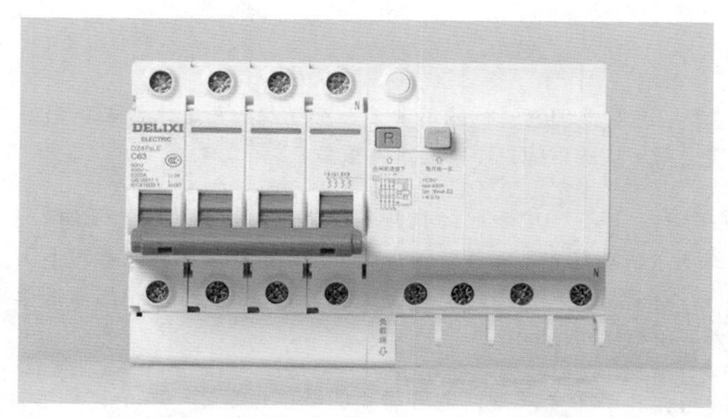

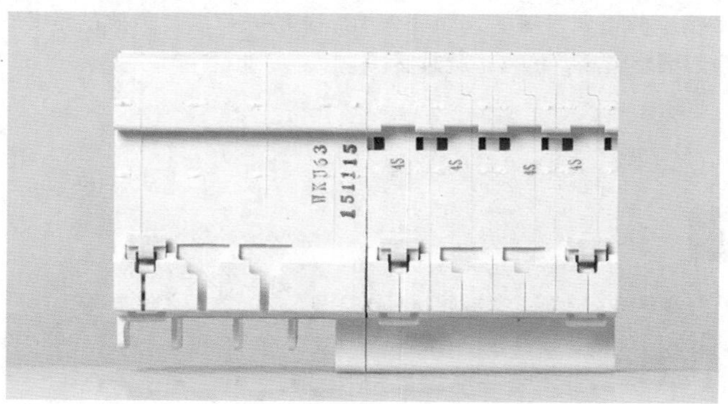

< 漏电保护器

5 电表的类别及选购

（1）电表的类别

电能表是用于测量电能的仪表，俗称电表。电表分为单相电能表、三相三线有功电能表、三相四线有功电能表，其中单相电能表是室内装修工程中应用最为广泛的。

单相电能表

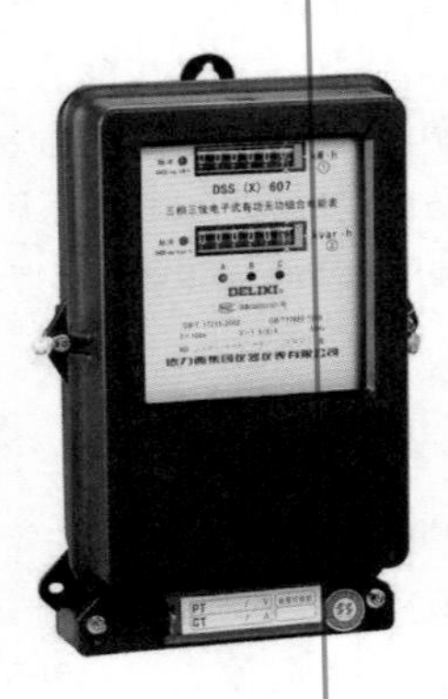

三相三线有功电能表

三相四线有功电能表

（2）电表的选购

※ 看品牌。在其他因素一样的情况下，产品的质量非常重要，最好选择大品牌电表，质量上有一定的保障，不容易产生故障。

※ 电表功能。现在的电表已经有许多种功能，如有功表、无功表、机械表、电子表、需量表、多功能表、峰谷分时表等，可根据具体的使用要求而定。现在的多功能电子表，能集成多种计量功能，但是价格不菲。一般的机械表能单独计量一种或几种功能，价格相对便宜。

※ 计量精度。不同要求下，电表需要的精度也是不一样的。一般家庭用电，用 2.0 级以上精度的电表足够了，而在大型企业的关口表，需要的是 0.5 甚至 0.2 级精度的电表。精度越高，价格也就越贵。

思考与巩固

1. 漏电保护器有哪些作用？是不是所有的插座线路都需要安装漏电保护器？
2. 家用电表选购时应注意哪些问题？

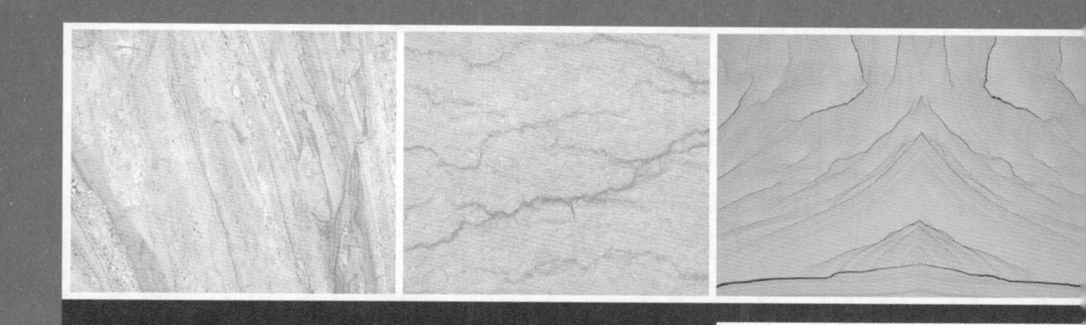

第三章 装饰砖石

砖石类的建材或朴素，或华丽，具有百变的图案，非常百搭，是家居装修中不可缺少的一种建材。掌握其类别、特点和施工方式，才能够更好地运用它们来装饰家居空间。

扫码下载本章课件

一、装饰石材

学习目标	本小节重点讲解装饰石材的主要种类及应用范围。
学习重点	了解装饰石材的常见类别。

1 石材的主要种类及应用

石材是家居中常见的装修材料，大多用于客厅、餐厅、厨房、卫浴的地面、墙面等。石材除了是装修材料外，还是良好的装饰材料。例如在客厅、餐厅的主题墙，用几块石材点缀一下，可能会营造出另外一种效果。并且，石材是一种坚固、耐腐蚀、抗老化的材质，用于室内装修非常合适。家装常用的石材品种为：大理石、人造石、洞石、文化石、砂岩、花岗岩、板岩等。

（1）大理石

大理石的纹路和色泽浑然天成、层次丰富，非常适合用于营造华丽风格的家居。大理石的硬度虽然不高，但不易受到磨损，在家居空间中适合用在墙面、地面、台面等处做装饰，若应用面积大，还可采用拼花，使其更加大气。

类别		特点
金线米黄		底色为米黄色，带有自然的金线纹路，装饰效果出众，但耐久性差些，做地面时间长了容易变色，建议用作墙面，施工时宜用白水泥
黑白根		黑色致密结构大理石，带有白色筋络，光度好，耐久性、抗冻性、耐磨性、硬度等质量指标达到国际标准，墙面、地面、台面均可使用
啡网纹		分为深色、浅色、金色等几种，纹理强烈、明显，具有复古感，进口板价格比较贵，多产于土耳其。可用于门套、墙面、地面、台面等的装饰

续表

类别		特点
紫罗红		花纹明显，大片紫红色块之间夹杂着或纯白或翠绿的线条，形似国画中的梅枝，装饰效果高雅、气派。不管做门套、窗套、地面、梯步都是理想的选择
爵士白		颜色肃静，纹理独特，更有特殊的山水纹路，具有良好的装饰性、加工性、隔声性和隔热性。质地较软，吸水率相对较高。可用于墙面、地面、门套、台面等
黑金花		深咖色底带有金色花朵，是大理石中的“王者”，有较高的耐压强度和良好的物理性能，易加工，进口板的性能优于国产板。主要应用于室内墙面、地面、台面、门套、壁炉等装饰
大花绿		板面呈深绿色，有白色条纹，组织细密、坚实、耐风化，色彩对比鲜明，质地硬，密度大，进口板的性能优于国产板，但国内进口板较少。可用于墙面、地面、台面等
蒂诺米黄		带有明显层理纹，底色为褐黄色，色彩柔和、温润。表面层次强烈，纹理自然流畅，风格淡雅。不适合用在卫浴间，可用于墙面、地面、台面及门窗套等
莎安娜米黄		底纹为米黄色，有白花，光度好，难以胶补，最怕裂纹；辐射很少，色泽艳丽，色彩丰富；具有优良的加工性能，耐磨性能良好，不易老化，其使用寿命一般为 50~80 年。可用于地面、墙面
黑金砂		黑金砂主体为黑色，内部含有“金点儿”，当阳光照射时，庄重而剔透的黑亮中，闪烁着璀璨的黄金色，具有尊贵而华丽的装饰效果。适合用于过门石、各种台面、墙面、地面铺设

续表

类别		特点
波斯灰		色调柔和雅致、华贵大方，极具古典美与皇室风范，抛光后晶莹剔透，石肌纹理流畅自然，其结构和色彩丰富，色泽清润细腻

(2)人造石

人造石是一种以天然花岗岩和天然大理石的石渣为骨料，经过人工合成的新型装饰材料。人造石在防油污、防潮、防酸碱、耐高温方面都强于天然石材。但人造石为人工制造，因此纹路不如天然石材自然，外观上多为纯色或斑点的花岗岩石状。

由于人造石的硬度比大理石略大，能够无缝拼接，容易做造型，不易吸附脏物，因此很适合用于墙面、台面装饰。

∧ 人造石墙面铺贴效果

(3) 洞石

洞石学名叫作石灰华，是一种多孔的岩石，所以通常人们也称其为洞石。洞石属于陆相沉积岩，它是一种碳酸钙的沉积物。洞石大多形成于富含碳酸钙的石灰石地形，是由溶于水中的碳酸钙及其他矿物沉积于河床、湖底等地而形成的。其纹理特殊，多孔的表面极具特色。

由于在重堆积的过程中有时会出现孔隙，同时由于其自身的主要成分又是碳酸钙，自身就很容易被水溶解腐蚀，所以这些堆积物中会出现许多天然的无规则的孔洞。洞石的色调以米黄居多，又使人感到温和，质感丰富，条纹清晰，促使装饰的建筑物常有强烈的文化和历史韵味，多应用于室内地板、墙壁装饰。

∧ 洞石使用效果

（4）文化石

文化石是一种以水泥掺砂石等材料，灌入磨具形成的人造石。文化石吸引人的特点是色泽和纹路能保持自然原始的风貌，加上色泽调配变化，能将石材质感的内涵与艺术性展现无遗，符合回归自然的文化理念，因此称为“文化石”。文化石常用于电视背景墙、玄关、壁炉、阳台等的点缀装饰。文化石按其表面特征可分为仿岩石和仿砖石两大类。

类别		特点
仿岩石		种类很多，包括城堡石、层岩石、鹅卵石、乱片石、莱姆石和木纹石等，具有天然石的装饰效果，但质地更轻、经久耐用、绿色环保，具有浓郁的自然韵味
仿砖石		仿砖石仿照砖石的质感以及样式，颜色有红色、土黄色、暗红色等，排列规律、有秩序，具有砖墙效果

（5）砂岩

砂岩由石英颗粒（砂子）形成，结构稳定，通常呈淡褐色或红色，主要含硅、钙、黏土和氧化铁。色彩、花纹非常受设计师欢迎的是澳洲砂岩，可制作各种浮雕装饰墙面。澳洲砂岩是一种生态环保石材，其产品具有无污染、无辐射、无反光、不风化、不变色、吸热、保温、防滑等特点。砂岩可用于室内墙面、地面的装饰，也可用于雕刻，砂岩雕刻是应用比较广泛的室内装饰工艺。砂岩用于室内装饰，适合很多风格，例如居室为东南亚风格，则可以摆放砂岩佛像或大象摆件，来增加风格特征。

浮雕砂岩

平面砂岩

（6）花岗岩

花岗岩是一种岩浆在地表以下凝结形成的火成岩，主要成分是长石和石英。质地坚硬，其硬度高于大理石；不易风化，颜色美观，外观色泽可保持百年以上。由于其硬度高、耐磨损，除了用作高级建筑装饰材料外，还是露天雕刻的首选之材。室内装饰中常用的花岗岩见下表。另外，由于比陶瓷器或其他人造材料更稀有，所以在居室内适当铺置花岗岩地板可以增加房产的价值，也可以提升居室的艺术表达效果。

花岗岩相对于大理石来说花纹变化较为单调，因此一般较少用于室内地面铺设，而多用于楼梯、洗手台面、橱柜面等经常使用的区域，有时也会作为大理石的收边装饰。花岗岩中的镭、钍衰变后产生的气体——氡，长期被人体吸收、积存，会在体内形成辐射，使肺癌的发病率提高，因此花岗岩不宜在室内大量使用，尤其不要在卧室、儿童房中使用。

类别		特点
印度红		色彩以红色居多，夹杂着花朵图案。结构致密、质地坚硬，耐酸碱、耐候性好。一般用于地面、台阶、基座、踏步、檐口等处
英国棕		主要为褐底红色斑状结构，花纹均匀，色泽稳定，光度较好。但硬度高而不易加工，且断裂后胶补效果不好。可用于台面、门窗套、墙面等
芝麻灰		世界上最著名的花岗岩石种之一，储量丰富，是一种非常受设计师和消费者青睐的花岗岩。属于全晶质，颗粒结构，块状构造，矿石呈灰黑色或是芝麻灰色
金钻麻		易加工，材质较软。花色有大花和小花之分，底色分为黑底、红底、黄底。可用于地面、墙面、壁炉、台面板、背景墙等
蓝珍珠		带有蓝色片状晶亮光彩，产量少，价格高。可用于地面、墙面、壁炉、台面板、背景墙等
山西黑		硬度强，光泽度高，结构均匀，纯黑发亮，质感温润雍容。可用于地面、墙面、台面板等

（7）板岩

板岩是具有板状结构，基本没有重结晶的岩石，也是一种变质岩，原岩为泥质、粉质或中性凝灰岩，沿纹理方向可以剥成薄片。板岩的颜色随其所含的杂质不同而变化。板岩可做墙面或地板材料，与大理石和花岗岩比较，不需要特别的护理，具有沉静的效果，防滑性能出众。板岩具有尺寸大，重量轻，耐高温、耐酸碱等诸多优点。板岩适用于家居空间中厨房、浴室、客厅、餐厅的墙面 / 地面 / 台面、家具饰面门板等使用场景。

类别		特点
啡窿石		浅褐色，带有层叠式的纹理，一般用于墙面
印度秋		底色为黄色和灰色交替出现，色彩层次丰富，具有仿锈感，可以在背景墙局部使用
绿板岩		底色为绿色，没有明显的纹理变化，适合安装在地面上
挪威森林		底色为黑色，夹杂黑色条纹纹理，非常具有特点，适合在墙面上使用
加利福尼亚金		色彩仿古，包含灰色、黄色，层次丰富，可在空间中局部使用

2 装饰石材的选购

（1）天然石材的选购（包括大理石、洞石、花岗岩、砂岩、板岩）

※ **看内在质地**。可以在石材的背面滴一滴水，如果水很快被全部吸收，即表明石材内部颗粒松散或存在缝隙；反之，若水滴凝在原地基本不动，或较少被吸收，则说明石材质地细密。

※ **看石材外观**。在光线充足的条件下，查看石材是否平整，棱角有无缺陷，有无裂纹、划痕、砂眼；石材表面纹理清晰，色调纯正。正规厂家生产的天然石材有优等品、一等品、合格品。

※ **分批检查放射性**。在购买大理石时要求厂家出示检验报告，并应注意检验报告的日期，同一品种的大理石因其矿点、矿层、产地的不同，其放射性存在很大差异，尤其是工程上大批量使用时，应分批或分阶段多次检测。

（2）人造石的选购

※ **看外表**。看样品颜色是否清纯、不浑浊，通透性好，表面无类似塑料的胶质感，板材反面无细小气孔。

※ **看材质**。通常纯亚克力的人造石材性能更佳，纯亚克力人造石材在120℃左右可以热弯变形而不会破裂。

※ **测手感**。手摸人造石材样品表面有丝绸感，无涩感，无明显高低不平感。用指甲划人造石材的表面，应无明显划痕。

※ **抗油污测试**。将酱油倒在人造石上隔几分钟擦拭，如果还留有明显的油污痕迹，证明这款人造石抗油污性能差，做台面不是很好。

（3）文化石的选购

※ **测手感**。用手摸文化石的表面，如表面光滑，没有涩涩的感觉，则表明质量比较好。

※ **测硬度**。用一枚硬币在文化石表面划一下，质量好的不会留下划痕。

※ **看弹性**。使用两块相同的文化石样品相互敲击，不易破碎则表明为优质产品。

※ **看表面**。应注意观察其样式、色泽、平整度，看看是否均匀，是否有杂质。

思考与巩固

1. 花岗岩能大面积运用到儿童房吗？
2. 选购石材时应注意哪些问题？

二、装饰陶瓷砖

学习目标	本小节重点讲解陶瓷砖的类别和特点以及选购和施工要点。
学习重点	熟悉墙砖、地砖的施工工艺。

1 瓷砖的主要种类及应用

瓷砖可以说是使用率非常高的一种室内装修建材，其花色、种类繁多，既能够用在墙面上，也能够用在地面上，非常百搭。在使用瓷砖时，需要注意根据不同种类瓷砖的特点，用在合适的部位。另外，瓷砖属于主材范畴，在很多情况下需要设计师陪同业主购买，所以掌握相关知识非常必要。家装常用的瓷砖品种为：釉面砖、通体砖、抛光砖、玻化砖、仿古砖、全抛釉瓷砖、马赛克、金属砖、木纹砖等。

(1)釉面砖

釉面砖就是砖的表面经过烧釉处理的砖。釉面砖是装修中非常常见的砖种，釉面细致、韧性好、耐脏，耐磨性稍差，色彩图案丰富，而且防污能力强。尤其适合在卫浴间和厨房中使用。釉面砖根据釉面光泽的不同，可分为亮光釉面砖和亚光釉面砖。一般亮光釉面砖适合营造“干净”的效果，亚光釉面砖适合营造“时尚”的效果。

亮光釉面砖

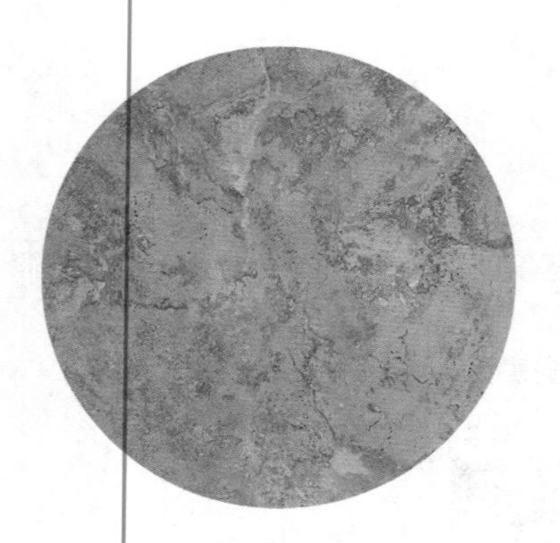

亚光釉面砖

(2) 通体砖

通体砖的表面不上釉，而且正面和反面的材质及色泽一致，因此得名。通体砖是一种耐磨砖，虽然现在还有渗花通体砖等品种，但相对来说，其花色比不上釉面砖。由于目前的室内越来越倾向于素色设计，所以通体砖也越来越成为一种时尚，被广泛使用于厅堂、过道和室外走道等装修项目的地面，一般较少会用于墙面，而多数的防滑砖都属于通体砖。

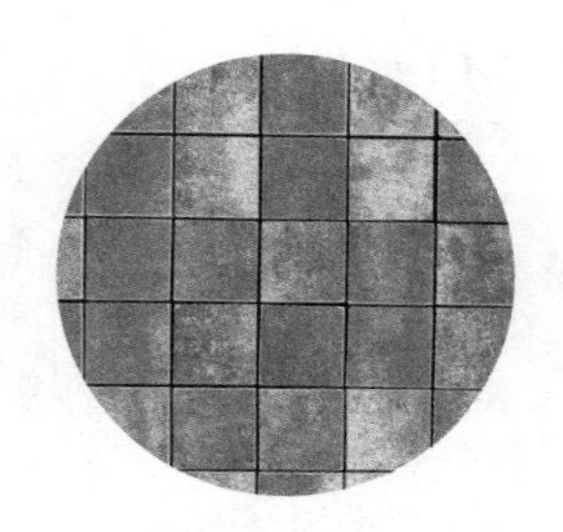

(3) 抛光砖

抛光砖是通体坯体的表面经过打磨而成的一种光亮的砖种。抛光砖属于通体砖的一种。相对于通体砖平面的粗糙而言，抛光砖要光洁得多。抛光砖坚硬耐磨，适合在除洗手间、厨房以外的大部分室内空间中使用。

在运用渗花技术的基础上，利用抛光砖可以做出各种仿石、仿木效果。但抛光砖易脏，这是抛光砖在抛光时留下的凹凸气孔造成的，这些气孔会藏污纳垢，甚至一些茶水倒在抛光砖上都不易清洁。有些质量好的抛光砖在出厂时加了一层防污层。

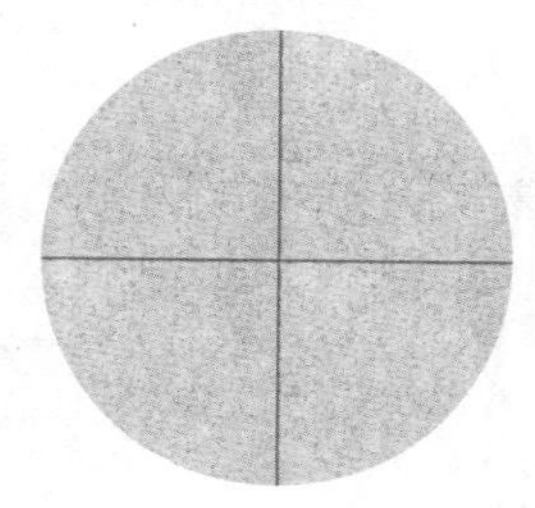

通体砖色彩单一，适合简约风格

∧ 采用抛光砖的效果

（4）玻化砖

玻化砖是瓷质抛光砖的俗称，是一种强化抛光砖，由石英砂、泥按照一定比例经高温烧制而成，是通体砖坯体的表面经过打磨而成的一种光亮的砖，质地比抛光砖更硬、更耐磨。玻化砖可以随意切割，任意加工成各种图形及文字，形成多变的造型。可用开槽、切割等分割设计令规格变化丰富，满足个性化需求。玻化砖其实就是全瓷砖，其表面光洁但不需要抛光，所以不存在抛光气孔的问题。一般铺完玻化砖后，要对砖面进行打蜡处理，3 遍打蜡后进行抛光，否则光泽会渐渐变乌。

∧玻化砖多为仿大理石纹路的款式，是天然大理石较佳的替代品

（5）仿古砖

仿古砖的生产技术含量相对较高，通过数千吨液压机压制后，再经约1000℃的高温烧结，使其强度非常高，具有极强的耐磨性，经过精心研制的仿古砖兼具防水、防滑、耐腐蚀的特性。目前流行的仿古砖款式有单色砖和花砖两种。单色砖主要用于大面积铺装，而花砖则作为点缀用于局部装饰。一般花砖图案都是手工彩绘的，其表面为釉面，复古中带有时尚感。

而在色彩运用方面，仿古砖采用自然色彩，多为单色或者复合色。自然色彩就是取自于自然界中土地、大海、天空、植物等的颜色，如砂土的棕色、棕褐色和红色，叶子的绿色、黄色、橘黄色，水和天空的蓝色，花朵的红色等。

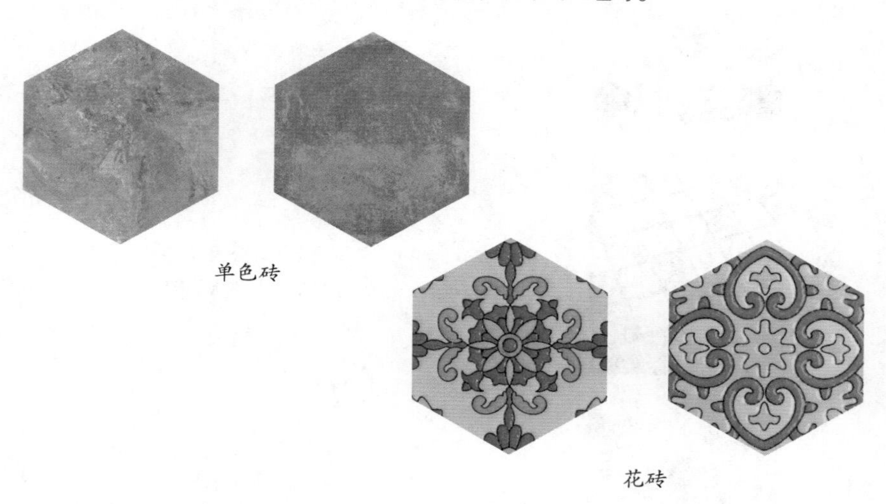

单色砖

花砖

（6）全抛釉瓷砖

全抛釉是一种可以在釉面上进行抛光工序的特殊配方釉，目前一般为透明面釉或透明凸状花釉。全抛釉瓷砖的优势在于其集仿古砖、抛光砖、瓷片的优势为一体，表面光亮柔和、平滑无凸点，效果晶莹透亮，釉下石纹纹理清晰自然，与上层透明釉料融合后，犹如一层透明水晶釉膜覆盖，使得整体层次更加立体分明。全抛釉瓷砖的缺点为防污染能力较弱；其表面材质太薄，容易刮花、划伤，而且价格比一般的砖要贵。全抛釉瓷砖因其光洁亮丽的釉面效果，特别适合缔造富丽堂皇的家居环境。

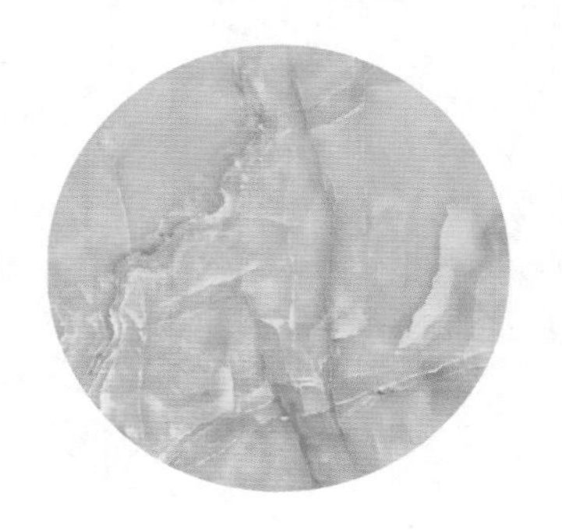

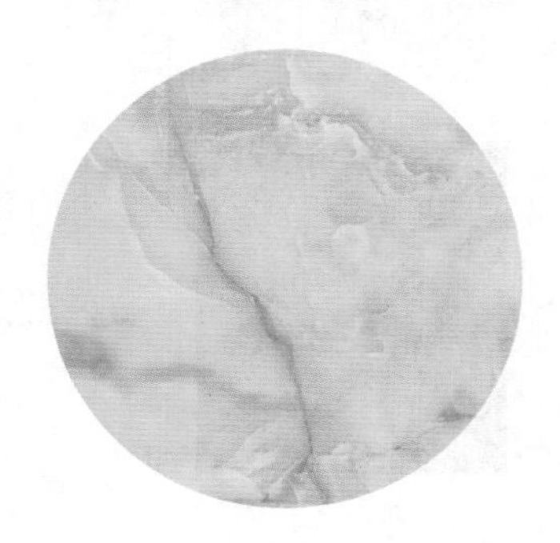

(7)马赛克

马赛克，一般由数十块小块的砖组成一个相对大的砖，它以小巧玲珑、色彩斑斓的特点被广泛使用于室内小面积的墙面和室外大小幅墙面及地面。常见的有陶瓷马赛克、金属马赛克、贝壳马赛克、玻璃马赛克、夜光马赛克等，装饰效果突出。

类别		特点
陶瓷马赛克		陶瓷马赛克烧制出的色彩更加丰富，单块元素小巧玲珑，可拼成风格迥异的图案，以达到不俗的视觉效果。适合墙面、地面局部装饰
金属马赛克		主材为各种金属，属于金属砖的一种，特别适合现代风格和欧式风格的居室。具有华丽、时尚的装饰效果。较适合墙面、地面局部使用
贝壳马赛克		材料为深海自然贝壳或者人工养殖的贝壳，贝壳的表面有天然的纹路，拼接后表面需要用机器磨平处理一遍，才能更加光滑。其硬度不高、容易损坏，防水性好，适合墙面装饰
玻璃马赛克		它是马赛克家族中最具现代感的一种，时尚感很强，质感亮丽精细，纯度高，给人以轻松愉悦之感，色彩表现很有冲击力。适合室内墙面局部、阳台外侧装饰
夜光马赛克		它是采用蓄光型材料制成的特殊马赛克，成本比较高。白天与普通马赛克一样，夜晚时却能够散发光芒，非常浪漫。适合墙面局部装饰

（8）金属砖

目前常见的金属砖有两种：一种是仿金属色泽的瓷砖（仿金属砖）；另一种是由不锈钢裁切而成的砖（不锈钢砖）。仿金属砖通过在坯体表面施加金属釉后再经过 1200 ℃的高温烧制而成，釉一次烧成，强度高、耐磨性好，颜色稳定、亮丽，给人以视觉冲击等特点。仿金属砖有仿锈金属砖、花纹金属砖以及立体金属砖等不同款式。

类别			特点
不锈钢砖			具有金属的天然质感和光泽，可分为光面和拉丝两种，在家居空间中不建议大面积使用
仿金属砖	仿锈金属砖		表面仿金属生锈的感觉，仿铜锈或者铁锈，常见黑色、红色、灰色底，是价格最便宜的金属砖
	花纹金属砖		砖体表面有各种立体感的纹理，具有很强的装饰效果，常见香槟金色、银色与白金色
	立体金属砖		砖体仿制于立体金属板，表面有凹凸的立体花纹，效果真实，价格比金属板低，触感不冷硬，是全金属砖的绝佳替代材料

∧ 仿金属砖使用效果

（9）木纹砖

木纹砖是指表面具有天然木材纹理装饰效果的陶瓷砖，可分为釉面砖和劈开砖两种。釉面砖是通过丝网印刷工艺或贴陶瓷花纸的方法使砖体表面具有木纹图案的；而劈开砖是将两种或两种以上色彩的釉料，用真空螺旋机挤出螺旋混合后，通过剖切出口形成的酷似木材的瓷砖，其纹理自然、贯通整体。

与普通瓷砖相比，木纹砖有仿真的木纹理，表面的釉质层赋予了瓷砖质感，使得它有均匀的光泽感；与实木地板相比，木纹砖不怕水、防蛀、耐磨、不褪色，不会那么容易开裂，使用寿命长。而且在护理上，木纹砖清洗方便，也不需要像实木地板那样上蜡等，护理十分便捷。现在的木纹砖，基本都会做防滑处理，也较好地弥补了瓷砖易导致人滑倒的缺陷。木纹砖的应用空间很广，而且木纹砖使用范围广，不局限于客厅、卧房、书房、楼梯这些木地板常用空间，也可用于阳台、卫生间、厨房等。

类别		特点
釉面砖		阻燃，不腐蚀，纹路逼真、不褪色、耐磨，易保养，防火、防水、防霉，不受虫蛀，使用寿命长，是绿色环保型建材
劈开砖		纹理细腻逼真，无法与原木区分开来；更防潮；超强导热能力；硬度比普通木纹砖高一倍以上；超强耐磨；超强抗污能力，表面污渍只需用湿抹布轻轻擦拭即可清除

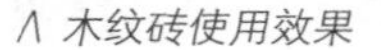

∧ 木纹砖使用效果

2 瓷砖的规格及选购

（1）瓷砖的规格

在家装中，瓷砖因其表面洁净、图案丰富、易于清理、价格实惠深受市场青睐。地砖常见的规格为 300mm×300mm、400mm×400mm、500mm×500mm、600mm×600mm、800mm×800mm、1000mm×1000mm 的正方形尺寸；墙砖一般规格为 200mm×300mm、250mm×330mm、300mm×450mm、300mm×600mm。

（2）瓷砖的选购

※ **看表面**。瓷砖的色泽要均匀，表面光洁度及平整度要好，周边规则，图案完整，从同一包装箱中抽出几片，对比有无色差、变形、缺棱少角等缺陷。

※ **看光洁度**。这是检测抛光砖品质的一个重要指标。将抛光砖表面的保护蜡用软布或试剂清洗干净，放在灯光或阳光下，呈 45° 的斜角查看，表面越亮越好。

※ **听声音**。用硬物轻击，声音越清脆，表明瓷化程度越高，质量越好。也可以左手拇指、食指和中指夹瓷砖一角，轻松垂下，用右手食指轻击瓷砖中下部，如声音清亮、悦耳为上品；如声音沉闷、浑浊为下品。

※ **测吸水率**。将水滴在瓷砖背面，看水散开后浸润的快慢，一般来说，吸水越慢，说明该瓷砖密度越大，质量越好；反之，吸水越快，说明质地稀疏，其品质则不如前者。

※ **查看平整度**。把两块同一品种的砖面对面重叠在一起，四角对齐，转动其中的一片，转动容易者质量差；反之则好。此法不能用于检测仿古砖。仿古砖的显著特点是表面色彩和花纹的任意变化，表面可以凹凸不平。

※ **查看检验报告**。向商家索取相关质量检测报告，其放射性应控制在国家标准范围内。

材料实战解析

瓷砖的规格建议根据瓷砖铺贴的面积及家具的摆放进行选择。单位面积中 600mm×600mm 的瓷砖比 800mm×800mm 的瓷砖铺贴数量要多，所以视觉上能产生空间的扩张感，同时在铺贴边角时废料率要低于 800mm×800mm 的瓷砖，而空间大时铺 800mm×800mm 甚至 1000mm×1000mm 规格的瓷砖则显得大气。因此建议小于 $40m^2$ 的空间选择 600mm×600mm 规格的瓷砖；而大于 $40m^2$ 的空间则可以选择 800mm×800mm 或 1000mm×1000mm 的瓷砖。而像厨房、卫浴间、阳台这样的狭小空间宜用 300mm×300mm 的小规格瓷砖。

3 铺地砖的规范工艺流程

铺地砖是每个家庭装修工程都可能遇到的工序，如果铺设不好，使用一段时间后会出现翘起、不平等问题，严重影响使用和美观。想要达到好的效果，除了施工人员的技术外，严密的监工也是不可缺少的。

01 在墙脚固定一块砖，便于找平高度，而后在地面上拉线，作为找平的高度线。

02 在调好比例的砂浆中加入少量的水，保证砂浆的干湿适度，用手握成团测试，以落地开花为佳，要将砂浆摊开铺平。

03 准备纯水泥浆，砂浆用来铺地，纯水泥浆用来抹砖。

04 在地面上洒水，之后撒上一层纯水泥，用扫把扫匀，厚度控制在0.4~0.5mm。

05 将水泥砂浆倒在地面上，抹平。

06 把地砖铺在砂浆之上，使用橡胶锤敲打结实，以第一步固定的那块砖为基准，将后面的砖找平。

07 调整好水平度后，将砖拿起，看砂浆是否饱和、均匀，撒上砂浆进行补充填实，第二次铺设上砖，敲打结实并保持与基准砖平齐状态。

08 继续检查砂浆的饱满度、有无缝隙，确认没有问题后，在砖体背面涂抹纯水泥。

09 第三次将砖铺好，同样需要与基准砖水平对齐，使用水平尺检查是否铺贴水平，之后使用水平仪配合卷尺检测铺砖的整体厚度，3~5cm为佳。

10 用刮刀从砖缝的中间划开一道，以保证砖和砖之间的缝隙，防止热胀冷缩。

11 最后进行勾缝，砖铺好后24h内不能踩踏。

4 铺墙砖的规范工艺流程

墙砖与地砖的铺设步骤大体相同，总体来说为清扫基层→抹底子灰→选砖→浸泡→排砖→弹线→粘贴参考砖→粘贴瓷砖→勾缝→擦缝→清理。

5 铺瓷砖应注意的问题

注意事项	内容
砖是否要泡水	施工前监督施工人员阅读瓷砖铺贴说明书，不同品牌、不同类型的瓷砖铺贴要求是不同的，并不是所有的砖都要求泡水。有的砖无须泡水，对要求泡水的砖，一定要浸泡足够的时间，避免因为时间短，砖体与水泥黏结不牢固而导致空鼓、脱落
吃浆要充足	铺砖时，要求施工人员用手轻轻推放地砖，使砖体与地面平行，排除气泡；而后用木槌轻轻敲击砖面，让砖底吃浆充足，防止产生空鼓；之后再用木槌敲击使其平衡，并用水平尺测量，随时调整，确保水平
砖缝应符合要求	砖缝是否有设计要求，如有要求，则按照要求操作；若没有要求，一般砖缝的宽度不宜大于1mm，同时缝隙应均匀
天气干燥，墙面宜喷水	若施工时天气特别干燥，应提醒施工人员向墙面喷水，保持湿度，可以减少空鼓率
检查空鼓，及时返工	当砖铺贴好12h后，用空鼓锤轻轻敲击砖面，如果有沉闷的“空空”声，证明有空鼓出现，应及时返工
阳角处理方法	避免阳角破损，可以对瓷砖使用收边条，如用不锈钢条、铝条等进行包边，或者将瓷砖磨成45°角进行拼接

思考与巩固

1. 全抛釉瓷砖有什么优缺点？适合什么样的居室使用？
2. 常用的瓷砖规格有哪些？

第四章 装饰板材

若想营造出自然舒适的空间，温厚的板材无疑是非常合适的材料，其温润的质地无论是用于顶面，还是墙面，都能令人从紧张的生活节奏中解放出来。

扫码下载本章课件

一、墙面、家具板材

学习目标	本小节重点介绍墙面、家具施工中经常用到的板材。
学习重点	了解基层板材和饰面板材的类别、特点和运用技巧。

1 墙面、家具板材的主要种类及应用

墙面、家具所使用的板材种类繁多，根据施工中的不同部位可分为基层板材和饰面板材两大类。饰面板材通常具有漂亮的纹理，用在墙面或定制家具表面起到装饰作用，如木纹饰面板、防火板等。基层板材通常作为基层材料应用，如细木工板、刨花板、胶合板等。

（1）木纹饰面板

木纹饰面板也叫贴面板、三夹板，它是用天然木材刨切或旋切成厚 0.2~1.0mm 的薄片，经拼花后粘贴在胶合板、纤维板、刨花板等基材上制成的。这种材料纹理清晰、色泽自然，是应用比较广泛的一种板材。门、家具、墙面上都会用到，还可用作墙面、木质门、家具、踢脚线等部位的表面饰材。饰面板根据面层树种的不同，有十几个常用品种。常用的有榉木、水曲柳、胡桃木等。一般每张规格为 2440mm × 1220mm。

类别		特点
榉木		分为红榉和白榉，纹理细而直或带有均匀点状。木质坚硬、强韧，干燥后不易翘裂，透明漆涂装效果颇佳。可用于壁面、柱面、门窗套及家具饰面板
水曲柳		分为水曲柳山纹和水曲柳直纹。呈黄白色，结构细腻，纹理直而较粗，胀缩率小，耐磨及耐冲击性好
胡桃木		常见有红胡桃、黑胡桃等，在涂装前要避免表面划伤泛白，涂刷次数要比其他木饰面板多 1~2 道。透明漆涂装后纹理更加美观，色泽深沉稳重

续表

类别		特点
樱桃木		装饰面板多为红樱桃木，呈暖色赤红，合理使用可营造高贵气派的感觉。价格因木材产地差距比较大，进口板材效果突出，价格昂贵
柚木		柚木材质本身纹理线条优美，含有金丝，所以又称金丝柚木。它包括柚木、泰柚两种，质地坚硬、细密耐久、耐磨、耐腐蚀、不易变形，胀缩率是木材中最小的一种
枫木		可分为直纹、山纹、球纹、树榴等，花纹呈明显的水波纹，或呈细条纹。乳白色，格调高雅，色泽淡雅均匀，硬度较高，胀缩率高，强度低。适用于各种风格的室内装饰
橡木		花纹类似于水曲柳，但有明显的针状或点状纹。可分为直纹和山纹，山纹橡木饰面板具有比较鲜明的山形木纹，纹理活泼、变化多，有良好的质感，质地坚实，使用年限长，档次较高
沙比利		装饰面板多呈暖色赤红，合理使用可营造高贵气派的感觉。沙比利产自中非和西非，国内无分布
花梨木		可分为山纹、直纹、球纹等，颜色黄中泛白，饰面刷仿古油漆别有一番风味，纹理自然，具有独特的美感和可塑性，非常适合用在中式风格的居室内，价格昂贵
酸枝木		纹理具光泽，可分为山纹、直纹等，山纹酸枝呈波纹状，粗而清晰的纹理尽显大气磅礴的气势，是高档装饰的理想材料，新切面略有甜味，是装饰材料中的极品
金丝影木		具光泽，径面板有深浅带状花纹和变幻带状光泽，有金丝楠木般的金丝和虎皮纹，直纹立体感比较强，有清淡的松脂香味

（2）三聚氰胺板

全称是三聚氰胺浸渍胶膜纸饰面人造板，是将带有不同颜色或纹理的纸放入三聚氰胺树脂胶黏剂中浸泡，然后干燥到一定程度，将其铺装在刨花板、中密度纤维板或硬质纤维板表面，经热压而成的装饰板。在生产过程中，一般由数层纸张组合而成，数量多少根据用途而定。简单来说就是在密度板或刨花板上贴了一层漂亮的塑料外衣。

三聚氰胺板的性能：可以任意仿制各种图案，色泽鲜明，用作各种人造板和木材的贴面，硬度大，耐磨，耐热性好。耐化学品性能好，能抵抗一般的酸、碱、油脂及酒精等溶剂的磨蚀。表面平滑光洁，容易维护清洗。由于它具备了天然木材所不能兼备的优异性能，故常用于墙面、各种家具、橱柜的装饰上。

（3）科定板

科定板是采用科技木皮（再生木皮）制作而成的板材，可以重新还原各种稀有珍贵木材的花纹，还能够改造原木材缺陷，如天然木材的变色、虫孔等问题。另外，由于科定板属于加工板材，因此可以事先选择板材的纹路与颜色，交给厂家定做，因此更适应个性化的装饰。每张科定板采用 2.7~3.6 mm 厚的板材为底材，并用无毒环保胶粘贴上 0.25~0.6 mm 厚的木皮，表面再以环保 UV 漆于工厂进行涂膜，完全无毒无害，保障室内生活的健康性。科定板甲醛含量低，施工后闻不到刺鼻的气味，可用于墙面或家具定制。

∧ 合格的科定板即使大面积用于墙面柜体制作，也不用担心污染问题

（4）细木工板

细木工板是由上下两层胶合板加中间木条构成的，也是室内最为常用的板材之一。其尺寸规格为 1220mm × 2440mm，厚度为 15mm、18mm、25mm。细木工板具有质轻、易加工、握钉力好、不变形等优点。细木工板在生产过程中大量使用脲醛胶，甲醛释放量普遍较高，这也是大部分细木工板都有刺鼻味道的原因。细木工板的用途非常广泛，可用于墙面造型基层及家具、门窗造型基层的制作。细木工板虽然比实木板材稳定性强，但怕潮湿，施工中应注意避免用于厨卫空间。

材料实战解析

家庭装修只能使用 E0 级或者 E1 级的细木工板。使用中要对不能进行饰面处理的细木工板进行净化和封闭处理，特别是在背板、各种柜内板和暖气罩内等，可使用甲醛封闭剂、甲醛封闭蜡等。一般 100m^2 左右的居室使用细木工板不要超过 20 张。

∧细木工板制成的柜子，表面刷白漆，与客厅风格十分协调

（5）胶合板

胶合板也称夹板，行内俗称细芯板。由三层或多层 1mm 厚的原木旋切而成的单板或薄板胶贴热压而成，是目前手工制作家具中最为常用的材料之一。夹板通常用奇数层单板，并使相邻层单板的纤维方向互相垂直排列胶合，因此有三合、五合、七合等奇数层胶合板。夹板一般分为 3 厘板、5 厘板、9 厘板、12 厘板、15 厘板和 18 厘板六种规格（1 厘即为家装行业中 1mm 的俗称），当然，还有 21 厘和 25 厘，很多工厂都在用。

胶合板的特点是结构强度高，拥有良好的弹性、韧性，易于进行加工和涂饰作业，能够轻易地创造出弯曲、圆形、方形等各种造型。早些年胶合板是制作吊顶的主要材料，但近些年已经被防火性能好的石膏板所替代。胶合板目前更多地用做饰面板板材的底板、板式家具的背板、门扇的基板等。

（6）密度板

密度板也称纤维板，是以木质纤维或其他植物纤维为原料，施加脲醛树脂或其他适用的胶黏剂制成的人造板材。密度板表面光滑平整、材质细密、性能稳定、边缘牢固，而且板材表面的装饰性好。密度板按其密度不同，分为高密度板、中密度板、低密度板。其中低密度板结构松散，故强度低，但吸声性和保温性好，主要用于家装吊顶部位装饰；中密度板可直接用于制作家具；高密度板不仅可用作家具、吊顶等装饰，更可取代高档硬木直接加工成复合地板、强化地板。

密度板耐潮性较差，且由于其强度不高，螺钉旋紧后如果发生松动，很难再固定，所以不能用在过于潮湿和受力太大的木作业中。

低密度板

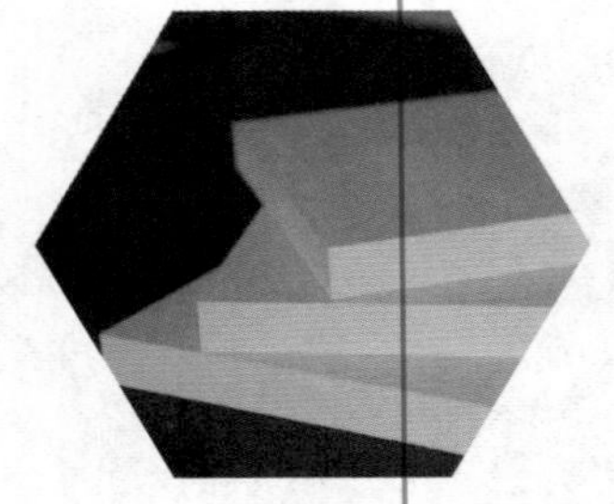
中密度板

高密度板

（7）刨花板、欧松板

刨花板又称微粒板、颗粒板、蔗渣板，是由木材或其他木质纤维素材料制成的碎料，施加胶黏剂后在热力和压力作用下胶合成的人造板。因其剖面类似蜂窝状，极不平整，所以称为刨花板。刨花板在性能特点上与密度板类似。

刨花板剖面图

刨花板结构比较均匀，加工性能好，可以根据需要加工成大幅面的板材，是制作不同规格、样式的家具较好的原材料。制成品刨花板不需要再次干燥，可以直接使用，吸声和隔声性能也很好。但它也有其固有的缺点，因为边缘粗糙，容易吸湿，所以用刨花板制作的家具封边工艺就显得特别重要。另外由于刨花板密度较大，用它制作的家具，相对于其他板材来说，也比较重。

目前市场上有一种欧松板比较受欢迎。欧松板学名叫定向结构刨花板。欧松板是目前世界范围内发展非常迅速的板材，是细木工板、胶合板的升级换代产品。欧松板全部采用高级环保胶黏剂，符合欧洲最高环境标准 EN300 标准，成品符合欧洲 E1 标准，其甲醛释放量几乎为零，远远低于其他板材，可以与天然木材相比，是目前市场上最高等级的装饰板材。无论是做家具，还是隔墙、背景墙等造型类板材，欧松板都可以胜任。另外欧松板还常被用作吸音板。

由于欧松板本身就自带特有的木质纹理，因此可以直接用作装饰面材。一般来说板材较适用于乡村风格的家居环境，欧松板也不例外，但由于欧松板的纹理较为特别，用于现代风格的装修中也丝毫没有违和感。

欧松板边缘

实木收边效果

（8）澳松板

除了欧松板外，还有一种澳松板。最早产生于澳大利亚，采用辐射松（澳洲松木）的原木制成，因此得名澳松板。它属于密度板范畴，是细木工板、欧松板的替代升级产品，特性是更加环保。同时，澳松板具有很高的内部结合强度，每张板的板面均经过高精度的砂光，确保一流的光洁度。不但板材表面具有天然木材的强度和各种优点，同时避免了天然木材的缺陷。澳松板一般被广泛用于墙面造型基层、家具等方面，其硬度大，适合做衣柜、书柜，不会变形，甚至做地板也十分适用。

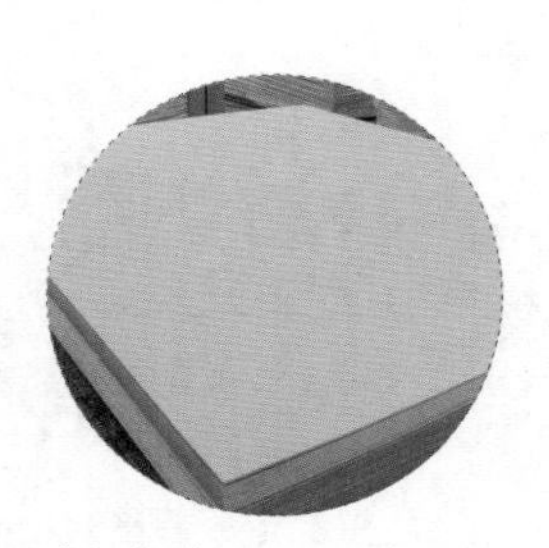

澳松板表面平整、光洁

（9）防火板

防火板是表面装饰用耐火建材，有丰富的表面色彩和纹路。因其耐火性强，使得它成为橱柜制作的最佳贴面材料。防火板贴面，一般是由表层纸、色纸、基纸（多层牛皮纸）三层构成的。表层纸与色纸经过三聚氰胺树脂成分浸染，使防火板耐磨、耐划性能更强。但防火板为平板，无法创造凹凸、金属等立体效果，时尚感稍差。

防火板常用的规格有：2135mm×915mm、2440mm×915mm、2440mm×915mm、2440mm×1220mm，厚度一般为 8 mm、10 mm 和 12 mm。常用的纹路有平面彩色系列、木纹系列、石材颜色系列、皮革颜色系列。

类别		特点
平面彩色系列		朴素光洁，耐污耐磨，颜色多样。该系列适用于餐厅、吧台的饰面、贴面
木纹系列		华贵大方，经久耐用，该系列纹路清晰自然。适用于家具、家电饰面及活动式吊顶
石材颜色系列		不易磨损，方便清洁。该系列适用于室内墙面、厅堂的柜台、墙裙等
皮革颜色系列		颜色柔和，易于清洗，该系列适用于装饰厨具、壁板、栏杆扶手等

材料实战解析

防火板贴面共三层，比较厚，而三聚氰胺板的贴面只有一层，比较薄。所以，一般来说防火板的耐磨、耐划等性能要好于三聚氰胺板，而三聚氰胺板在价格上低于防火板。两者虽然在贴面材料上都含有相同的树脂，但厚度、结构的不同，导致性能上有明显的差别。

（10）实木指接板

实木指接板由多块木板拼接而成，上下不再粘压夹板，由于竖向木板间采用锯齿状接口，类似两手手指交叉对接，故称指接板。指接板与木工板的用途一样，只是指接板在生产过程中用胶量比木工板少得多，所以是较木工板更为环保的一种板材，已有越来越多的人开始选用指接板来替代木工板。指接板常见厚度有 12mm、14mm、16mm、20mm 四种，最厚可达 36mm。指接板上下无须粘贴夹板，用胶量大大减少。指接板用的胶一般是白乳胶，即聚乙酸乙烯酯的水溶液，是用水做溶剂，无毒无味，就算分解也是产生乙酸，无毒。实木指接板广泛用于家具、橱柜、衣柜等基层制作。

2 墙面、家具板材的选购

（1）饰面板（包括木纹饰面板、科定板、三聚氰胺板）

※ **分清是人造木还是天然木**。人造木饰面板的纹理有规则，天然木饰面板则呈现的是天然的木质花纹，纹理图案自然，无规则。如三聚氰胺板就属于人造木饰面板。

※ **检查表面木皮的瑕疵和花纹**。首先，饰面板的表面要平整、完好，无死节，无砂伤，无压痕，无板面污渍等缺陷。其次，优质饰面板的纹理应细致均匀、色泽清晰、美观大方、基本对称。如果花纹不好或者不自然，上完漆以后也不会好看。

※ **看贴片与基材的黏合情况**。首先看木色，基材与贴片的木色应相近，无明显色差。其次看胶合情况。木皮与基材、基材内部各层之间不能出现鼓泡、分层、脱胶现象。可以用锋利的平口刀片沿胶层撬一下，如果胶层很容易被破坏，但木材完好无损，则说明胶合强度差。

※ **闻气味**。如果板材有很强烈的异味，则说明甲醛释放量超标，不宜购买。购买时，要向商家索取检测报告，看该产品是不是符合环保标准。

※ **看厚度**。家装中常用的国标饰面板的规格为：表面木皮的厚度为 0.2~0.3mm（包含天然木皮、科技木皮），饰面板的总厚度为 3mm，但是市面上的饰面板的厚度多为 2.5~2.8mm。国标饰面板比非国标的要贵，购买时可以用尺子量一下。作为贴面的表层木皮越厚越好，油漆施工后实木感也会越强，太薄会导致透底、变化，影响美观。木饰面板的木皮厚度可直接从板材边观察到，另外也可在面板表面滴几滴清水，如果出现透底则说明木皮面层较薄。

※ **看基材材质**。基层的厚度、含水率要达到国家标准，要做除碱处理。较差的基材在空气湿度变化时，容易变形、四边翘起。

※ **看防伪标志**。为了防止买到劣质产品，要注意选购标志齐全（类别、等级、厂家名称等）的正规厂家的产品，只有标志齐全的板材才能得到应有的质量保证。

（2）细木工板（胶合板、刨花板同理）

※ **看表面**。细木工板表面应平整，无翘曲、变形，无起泡、凹陷；芯条排列均匀整齐，缝隙小，芯条无腐朽、断裂、虫孔、节疤等。有的细木工板厂家偷工减料，实木条的缝隙大，如果在缝隙处钉钉，则基本没有握钉力。

※ **测质量**。展开手掌，轻轻平抚细木工板板面，如感觉到有毛刺扎手，则表明质量不高；用双手将细木工板一侧抬起，上下抖动，倾听是否有木料拉伸断裂的声音，有则说明内部缝隙较大、空洞较多。

※ **看板芯**。从侧面拦腰锯开后，观察板芯的木材质量是否均匀整齐，有无腐朽、断裂、虫孔等，实木条之间缝隙是否较大。另外，细木工板并不是越重越好。重量超出正常的细木工板，表明使用了杂木。杂木拼成的细木工板，根本钉不进钉子，所以无法使用。

※ **闻味道**。如果细木工板散发清香的木材气味，说明甲醛释放量较少；如果气味刺鼻，说明甲醛释放量较多，不要购买。

※ **看报告**。向商家索取细木工板检测报告和质量检验合格证等文件，细木工板的甲醛释放量≤ 1.5mg/L 才可直接用于室内。同时在施工中最好留下一块样品，一旦工程结束以后发现由于细木工板质量问题造成室内环境污染，可以以此作为判断责任的依据。

※ **看含水率**。细木工板的含水率应不超过 12%。优质的细木工板采用机器烘干，含水率可达标，劣质的细木工板含水率通常不达标。干燥度越好的板材相对越轻，外表也更平整。

（3）密度板

※ **看表面清洁度**。清洁度好的密度板表面应无明显的颗粒。颗粒是压制过程中带入杂质造成的，不仅影响美观，而且容易使漆膜剥落。

※ **看表面光滑度**。用手抚摸表面时应有光滑感觉，如感觉较涩则说明加工不到位。

※ **看表面平整度**。密度板表面应光亮平整，如从侧面看去表面不平整，则说明材料或涂料工艺有问题。

※ **看抗变形能力**。拿一块密度板的样板，用手用力掰或用脚踩，以此来检验纤维板的承载受力和抵抗受力变形的能力。

※ **看含水率和检验报告**。和细木工板一致。

(4) 防火板

※ **查看检查报告**。仔细查看产品的检测报告，特别是注意查看检测报告中的产品燃烧等级，燃烧等级越高的产品耐火性越好。

※ **看表面**。首先要看其整块板面颜色、肌理是否一致，有无色差，有无瑕疵，用手摸有没有凹凸不平、起泡的现象，优质防火板应该是图案清晰通透、无色差、表面平整光滑、耐磨的产品。

※ **查厚度**。防火板厚度一般为 8~12 mm，一般的贴面选择 0.6~1.0 mm 厚度即可。厚度达到标准且厚薄一致的才是优质的防火板，因此选购的时候，最好亲自测量一下。

材料实战解析

建议选择成型的防火板。选购防火板时最好不要选择木工板防火板贴面板材，而应选择贴面与板材压制成的防火板产品。因为如果由木工粘贴防火板，可能由于压制不过关，容易遇潮或霉变时导致防火板起泡脱落。而专业生产的工厂一般会配备大型压床、高精密度裁板机等设备，可保证防火板达到不易起泡和变形的质量要求。

(5) 实木指接板

※ **看芯材年轮**。实木指接板多由杉木、松木制成，年轮较明显，年轮越小，说明树龄越长，材质也就越好。

※ **看齿榫**。实木指接板的齿榫分为水平型和垂直型，也有人将其齿榫分为暗齿和明齿，水平型为暗齿。因为明齿在上漆后较容易出现不平，所以暗齿较好，当然暗齿的加工难度要大些。

※ **看木质硬度**。木质硬的指接板较好，因为材质硬的木材变形相对要小，且花纹更为美观。

3 制作、定制和购买成品家具的优缺点

制作

- 优点：可以根据户型量体裁衣，成品造型独特，更能满足业主的喜好和需求，与家里其他装修效果能更协调。能够充分利用空间，同时可把那些影响美观的各种管道等凸出物隐藏进去，掩饰房屋结构的不足
- 缺点：对于新古典家具等过于复杂造型的家具，可能没有办法满足其要求；工期较长；会使用胶类材料，需要充足的时间晾晒，做好后返工较难

定制

- 优点：除了有制作家具的优点外，定制的家具通常采用工厂定做，以现场拼接的方式完成组装，工期短，且比较少用胶类，安全、环保，有问题可随时调换
- 缺点：特别复杂的款式无法完成，五金配件要另外计价，价格比木工制作的要贵

成品

- 优点：家具的颜色、款式等可选择性更多一些，遇到打折活动时价格会非常优惠。对于一些做工要求高的新古典家具等，也能满足其要求
- 缺点：没有办法充分利用空间，尺寸方面可能不会完全适合，挑选时耗费的精力较多

∧成品家具造型设计

4 木工制作家具的检查重点

● **检验工艺**。检查家具的每个构件之间的连接点的合理性和牢固度，每个水平、垂直的连接点必须密合，不能有缝隙、不能松动。柜门开关应灵活，回位正确。玻璃门周边应抛光整洁，无崩碴、划痕，四角对称，扣手位置端正。各种塞角、压栏条、滑道的安装应位置正确、平实牢固、开启灵活、回位正确。

● **门板高低应一致**。柜子的门板安装应相互对应，高低一致，所有中缝宽度都应一致，开关顺畅，没有滞留感、没有声音。

● **色差应小**。饰面完成后主要检查饰面板的色差是否大，花纹是否一致；表面应平整，没有腐蚀点、死节、破残等。

部件封边处理是否严密平直、有无脱胶，表面是否光滑平整、有无磕碰。

● **结构要端正、牢固**。观察家具的框架是否端正、牢固。用手轻轻推一下，如果出现晃动或发出吱吱嘎嘎的响声，说明结构不牢固。要检查一下家具的垂直度和水平度以及接地面是否平整。

● **线条要顺直**。所有的木制家具做好后，上漆之前应线条顺直，棱角方直，钉帽不能裸露。安装位置正确，割角整齐，靠墙放置的木制家具应能与墙面紧贴。

● **分隔要合理**。所有家具中的分隔板，尺寸都应符合设计图要求，不能擅自改动。特别是衣柜和鞋柜，应重点检查。如果家具内部空间划分不合理，很可能出现大衣挂不下或者鞋柜没有靴子位置的情况，虽然事小，但使用中却十分不便。

● **细节之抽屉、缝隙**。抽屉：拉开抽屉 20mm 左右，能自动关上，说明承重能力强。缝隙：所有线条与饰面板碰口缝都不超过 0.2mm，线与线夹口角缝不超过 0.3mm，饰面板与板碰口不超过 0.2mm。

● **细节之转角、拼花**。家具中所有弧形转角的地方弧度都要求顺畅、圆滑，如果弧线造型有多排，除有特殊要求外，弧度应全部一致。拼花的花色、纹理方向应与设计图相符，对花严密、正确，有缝隙设计要求时其宽度应符合要求，否则应不留缝隙。

思考与巩固

1. 防火板有哪些系列？常用的规格有哪些？

2. 制作、定制或者购买成品家具各有什么优缺点？

二、顶面板材

学习目标	本小节重点讲解顶面板材的种类及特点，并列举顶面施工的工序和要点。
学习重点	掌握顶面施工的正确工法。

1 顶面板材的主要种类及特点

顶面设计常常被人们忽略，恰当的顶面造型设计能够起到提升档次的作用。好的造型要依靠材料才能够实现，除了熟知的纸面石膏板外，还有其他类型的石膏板；扣板、石膏线也可用于装饰顶面。

（1）石膏板

石膏板是以建筑石膏为主要原料制成的一种材料。它是一种重量轻、强度较高、厚度较薄、加工方便以及隔声绝热和防火等性能较好的建筑材料。不同种类的石膏板适用于不同的家居环境，如平面石膏板适用于各种风格的家居；而浮雕石膏板则适用于欧式风格的家居。不同品种的石膏板使用的部位也不同。如普通纸面石膏板适用于无特殊要求的部位，像室内吊顶等；耐水纸面石膏板适用于湿度较高的潮湿场所，如卫浴等。

类别		特点
纸面石膏板		非常经济和常见的品种，适用于无特殊要求的场所（连续相对湿度不超过 65%）。厚度 9.5mm 的普通纸面石膏板做吊顶或间墙容易发生变形，因此建议选用厚度 12mm 以上的石膏板
防水石膏板		这种石膏板的吸水率为 5%，能够用于湿度较大的区域，如卫浴间、沐浴室和厨房等，该板是在石膏芯材里加入一定量的防水剂，使石膏本身具有一定的防水性能
穿孔石膏板		以特制高强纸面石膏板为基板，采用特殊工艺，表面粘压优质贴膜后穿孔而成。既具有吸声功能，又美观环保，便于清洁和保养。主要用于干燥环境中吊顶造型的制作

续表

类别		特点
浮雕石膏板		在石膏板表面进行压花处理，适用于欧式和中式的吊顶中，能令空间显得更加高大、立体。可根据具体情况定制

(2) 硅酸钙板

硅酸钙板作为绿色环保建材，除具有传统石膏板的功能外，更具有优越的防火性能及耐潮、使用寿命超长的优点。硅酸钙板是吊顶和轻质隔间的主要板材，但需要注意的是硅酸钙板安装后不容易更换，安装时需用铁质龙骨，因此施工费用较贵。

硅酸钙板作隔间壁材使用时，外层可覆盖木板。若要美化板材，可以漆上喜好的色彩或粘贴壁纸；若不想另外上漆或粘贴壁纸，也可以选择表层印有图案的硅酸钙板，即俗称的"化妆板"。化妆板的图案很多，有仿木纹、仿大理石等。

(3) PVC 扣板

PVC 扣板以 PVC 塑料为原料，主要优点就是：材质重量轻、安装简便、防水防潮、防蛀虫，表面的花色图案变化也非常多，并且耐污染、好清洗，有隔声、隔热的良好性能。特别是新工艺中加入阻燃材料，使其能够离火即灭，使用更为安全，特别适用于厨房、卫浴间的吊顶装饰。与金属材质的吊顶板相比，不足之处是使用寿命相对较短。其外观呈长条状居多，宽度为 200~450 mm 不等，长度一般有 3000 mm 和 6000 mm 两种，厚度为 1.2~4 mm。

∧ PVC 扣板的花纹

(4) 铝扣板

铝扣板是以铝合金板材为基底，通过开料，剪角，模压成形，表面使用各种不同的涂层加工得到的产品。铝扣板耐久性强，不易变形、不易开裂，质感和装饰感方面均优于 PVC 扣板，且具有防火、防潮、防腐、抗静电、吸声等特点。铝扣板在室内装饰装修中，多用于厨房、卫浴的顶面装饰。

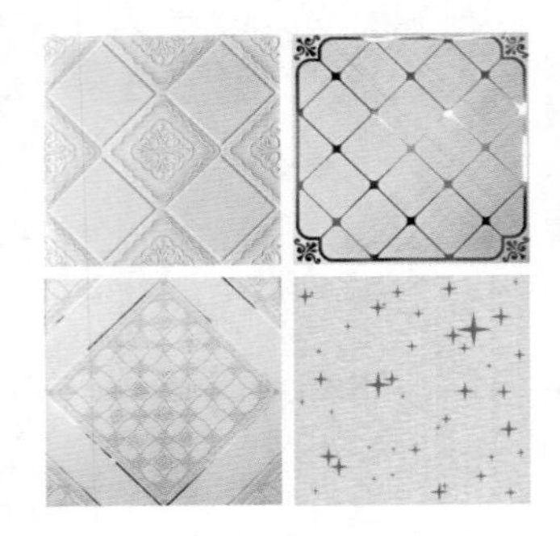
家装铝扣板的纹路

家装铝扣板最开始主要以滚涂和磨砂两大系列为主，随着技术的发展，家装集成铝扣板已经多种多样，各种不同的加工工艺都运用到其中，如热转印、釉面、油墨印花、镜面、3D 等系列是近年来非常受欢迎的家装集成铝扣板。家装集成铝扣板是以板面花式、使用寿命、板面优势等取得市场认可的。

材料实战解析

集成式铝扣板吊顶，包括板材的拼花和颜色，灯具、浴霸、排风的位置都会设计好，而且厂家负责安装和维修，比起自己购买单片的材料，拼接更为省力、外形更加美观。

∧白色系集成式铝扣板吊顶美观、干净

(5) 装饰线

装饰线是房屋装修材料，可带各种花纹，实用美观，具有防火、防潮、保温、隔声、隔热功能，并能起到豪华的装饰作用。装饰线除了可用在墙面与顶面衔接处外，还可用在顶面做装饰。而且除了线条外，在方便雕刻、容易上色的 PU 材质上可以雕刻出小天使、葡萄藤蔓、壁炉花纹、几何图形等，还可以制作出仿古白、金箔色、古铜色等各种色系，与同系列的装饰线组合使用更出彩。

材料实战解析

欧式风格的客厅一般着重于华丽感的塑造，传统的白色装饰线会稍显单调，而少部分涂描金漆可增强空间的豪华感。

∧石膏装饰线衬托出欧式风格的奢华大气

2 顶面板材的选购

（1）石膏板的选购

※ **看护面纸。**优质的纸面石膏板用的是原木浆纸，这种纸轻且薄，强度高，表面光滑，无污渍，纤维长，韧性好。劣质的纸面石膏板用的是再生纸浆生产出来的纸张，较重较厚，强度较差，表面粗糙，在石膏板表面上有时可看见油污斑点，易脆裂。

※ **看石膏芯。**从外观上可看出，好的纸面石膏板的板芯白，而差的纸面石膏板的板芯发黄（含有黏土）颜色暗淡。

※ **看粘层。**用壁纸刀在石膏板的表面划一个“X”，在交叉的地方撕开表面，优质的纸层不会脱离石膏芯，而劣质的纸层可以撕下来，使石膏芯暴露出来。

※ **看检验报告。**石膏板的检验报告有一些是委托检验的，委托检验时可以特别生产一批板材送去检验，并不能保证全部板材的质量都是合格的。还有一种检验方式是抽样检验，是不定期地对产品进行抽样检测，有这种报告的产品质量更具保证。

（2）硅酸钙板的选购

※ **看产品是否环保。**是否符合强制性国家标准《建筑材料放射性核素限量》（GB 6566—2010）规定的 A 类装修材料要求。

※ **小心含石棉的产品。**在选购时，要注意看背面的材质说明，部分含石棉等有害物质的产品会有害健康。

※ **看售后服务。**售后服务是最能体现一个产品质量的关键。一流的生产商会将客户使用过程中可能遇到的问题考虑周全，制定相关售后服务政策，彻底解决使用者的后顾之忧。

※ **别贪图便宜。**很多低价出售的材料通常都是粗制滥造或指标不达标的材料，因此最好到正规市场的授权经销商处购买，授权经销商的进货渠道、产品质量和销售服务均有保障。

（3）PVC扣板的选购

※ **看外观**。外表要美观、平整，色彩和图案要与装饰部位相协调。无裂缝、无磕碰，能装拆自如，表面有光泽、无划痕；用手敲击板面声音清脆。

※ **看横截面**。PVC扣板的截面为蜂巢状网眼结构，两边有加工成型的企口和凹榫，挑选时要注意企口和凹榫完整平直，互相咬合顺畅，局部没有起伏和高差现象。

※ **看韧性**。用手折弯不变形，富有弹性，用手敲击表面声音清脆，说明韧性强，遇有一定压力不会下陷和变形。

※ **闻味道**。如带有强烈刺激性气味则说明环保性能差，对身体有害，应选择刺激性气味小的产品。

※ **看性能**。指标产品的性能指标应满足热收缩率小于0.3%、氧指数大于35%、软化温度80℃以上、燃点300℃以上、吸水率小于15%、吸湿率大于4%。

（4）铝扣板的选购

※ **看铝材质地**。铝扣板质量好坏不全在于薄厚（家庭装修用0.6mm厚的产品已足够），而在于铝材质地。有些杂牌铝扣板用的是易拉罐铝材，因为铝材不好，没有办法很均匀地拉薄，只能做厚一些。

※ **听声音**。拿一块样品敲打几下，仔细倾听，声音脆的说明基材好，声音发闷说明含杂质较多。

※ **看韧度**。拿一块样品反复掰折，看漆面是否脱落、起皮。好的铝扣板漆面只有裂纹，不会有大块油漆脱落。好的铝扣板正和背面都要有漆，因为背面的使用环境更潮湿。

※ **看龙骨材料**。铝扣板的龙骨材料一般为镀锌钢板，龙骨的精度误差范围越小，精度越高，质量越好。

※ **看覆膜**。覆膜铝扣板和滚涂铝扣板表面不好区别，但价格却有很大差别。可用打火机将板面熏黑，对于覆膜铝扣板，容易将黑渍擦去；而对于滚涂铝扣板，无论怎么擦都会留下痕迹。

（5）装饰线的选购

※ **看重量**。选购时可以掂量一下装饰线的重量，密度不达标的装饰线较轻。

※ **看花样**。装饰线是以模具制作而成的，好的线板花样立体感十足，在设计和造型上均细腻别致。

※ **参考室内面积**。装饰线的宽度有多种选择，可参考室内面积来定宽窄。面积大的空间，搭配宽一些的款式较协调，雕花或纹路可以复杂一些，来彰显华美效果，特别是欧式风格的居室；而面积小一些的空间，建议采用窄一些的线条，款式以简洁为佳。

∧客厅顶面采用宽一点的装饰线，增加空间层次

3 石膏板吊顶的规范操作

项目名称	内容
弹线	标高线：根据吊顶的设计高度用尺量至顶棚，在该点画出高度线，在同侧墙面上找出另一点，将两点连线，即得吊顶高度水平线，其他墙同样操作，之后沿墙四周弹线，这条线便是吊顶四周的水平线。一个房间的基准高度点只用一个，各个墙的高度线测点共用，偏差不能大于 5mm
	造型位置线：对于规则空间，可先在一个墙面量出竖向距离，以此为基准画出其他墙面的水平线，就是吊顶位置的外框线，而后逐步找出各局部的造型框架线；对于不规则空间，宜根据施工图纸测出造型边缘距墙面的距离，从顶棚向下根据设计要求进行测量，找出吊顶造型边框的有关基本点，将各点连线，形成吊顶造型线
	吊点位置：平顶天花其吊点一般是每平方米设置 1 个，在顶棚上均匀排布；叠级造型的吊顶，应在分层交界处布置吊点，吊点间距 0.8~1.2m，较大的灯具应安排单独吊点来吊挂，灯具位置不能与主次龙骨位置重叠
安装吊杆	将吊杆固定件用膨胀螺栓或射钉固定在现浇楼板的顶面上，而后将吊杆的上部与吊杆固定件用焊接的方式连接，施焊前拉通线，所有吊杆下部都找平后，上部再搭接焊牢
安装主龙骨	主龙骨与墙相接处，应伸入墙面不少于 110mm。若使用木龙骨，入墙部分应涂刷防腐剂。主龙骨的布置要按设计要求，分档划线，尺寸按照面板规格确定，主龙骨间距不能大于 400mm
安装副龙骨	按分档线和主龙骨位置安装通长的两根边龙骨，拉线确定其符合水平标高，用竖向吊挂小龙骨固定边龙骨和主龙骨的连接，竖向吊挂小龙骨要逐根错开，通长边龙骨的对接接头应错开，并用夹板错位钉牢
	安装卡档副龙骨，按照石膏板的分块尺寸和接缝要求固定卡档副龙骨，卡档副龙骨间距不大于 400mm，卡档小龙骨应用长度为 50mm 的气钉钉牢
安装罩面板	骨架完工后检验吊顶骨架是否牢固、稳定，标高位置是否准确，误差是否符合标准，均合格后，表面封面板
	石膏板应用自攻螺钉固定，沉入面板 0.5~1.0mm，但不能使面板破损，间距 150~200mm，自攻螺钉钉头涂防锈漆。不允许用气钉固定石膏板，木龙骨上不允许吊挂灯具、设备等重物
	若转角处有造型，应将面板裁切成 L 形，不能在转角处出现拼缝情况，用腻子掺防锈漆补齐钉眼

4 避免石膏板开裂的要点

家庭装修中，石膏板是经常使用的吊顶面层的材料，它成本低、造型方便、施工简单、防火，很受欢迎。但石膏板在施工时有着严格的要求，如果技术不合格很容易造成开裂，开裂的原因有两种：一种是固定吊线的膨胀螺栓定位不对，导致吊顶固定点在活动间隙上，受力后就会开始变形；另一种是使用木龙骨为骨架时，龙骨含水率超出标准，龙骨变形导致石膏板变形。

1 在做石膏板吊顶时，两块石膏板拼接应留缝隙 3~6mm，石膏板与墙面之间要预留 1~2cm 的缝隙，并做成倒置的 V 形，为预留的伸缩缝

2 如果使用木龙骨，含水率一定要达标

3 无论何种骨架，都要求安装牢固，不能有松动的地方，不能随意加大龙骨架的间距

4 石膏板的纵向各项性能要比横向优越，吊顶时不应使石膏板的纵向与覆面龙骨平行，而应与龙骨垂直，这是防止变形和接缝开裂的重要措施

5 安装石膏板时应先用木支撑临时支撑，并使板与骨架压紧，待螺钉固定完才可撤销支撑。安装固定板时，从板中间向四边固定，不得多点同时作业，一块板安装完毕再安装下一块

6 板与轻钢龙骨的连接采用高强自攻螺钉固定，不能先钻孔后固定，要采用自攻枪垂直地一次打入紧固

7 有纸包裹的纵向边无须处理，横向切割的板边应在嵌缝前做割边处理

8 施工人员应按照规范施工，固定吊件的膨胀螺栓位置要选准确，不要在两块板的缝隙处，板接口处需装横撑龙骨，不允许接口处板“悬空”

思考与巩固

1. 对于厨房、卫浴间，适合选择哪种板材？
2. 避免石膏板开裂应注意哪些问题？

第五章 装饰地材

地面材料是家庭装修中占据比重比较大的一部分，除了瓷砖和大理石外，还有各种类型的地板、地毯等，它们比砖、石类材料更具温暖感，也使家居材料的种类越来越丰富。

扫码下载本章课件

一、木地板

学习目标	本小节重点讲解木地板的种类、特点以及选购、施工要点。
学习重点	熟悉不同地板的选购、施工常识。

1 木地板的种类及特点

木地板显示自然本色、触感温润、令人感到亲切，但相比砖石类材料在后期保养和维护上麻烦很多。因此在家居空间中最好采用瓷砖和地板混合使用，即一些较为私密的空间（比如卧室、书房等处）采用木地板，在公共空间或经常用水的房间（如客厅、餐厅、厨卫空间等处）铺贴瓷砖。这样既兼顾了实用性，也打破了整体室内空间地面单一的感觉。

（1）实木地板

实木地板是由天然木材经烘干、加工后形成的地面装饰材料。它具有木材自然生长的纹理，是热的不良导体，冬暖夏凉，脚感舒适，使用安全，是卧室、客厅、书房等地面装修的理想材料。实木地板的缺点为难保养，且对铺装的要求较高，一旦铺装不好，会造成一系列问题，如有声响等。实木地板的类型多样，可根据室内风格或需求选购。

类别		特点
柚木		防水、耐腐，稳定性好，表面含有油质涂层，这种油质使地板保持不变形，且带有特别的香味，能驱蛇、虫、鼠、蚁。颜色会随时间的延长而更加美丽
花梨木		木质坚实，花纹精美，呈“八”字形，带有清香的味道。木纹较粗，纹理直且较多，呈红褐色。耐久度、强度较高
樱桃木		色泽高雅，时间越长，颜色、木纹会越变越深。暖色赤红，可装饰出高贵感觉。硬度低、强度中等、耐冲击载荷、稳定性好、耐久性高

续表

类别		特点
黑胡桃		呈浅黑褐色带紫色，色泽较暗，结构均匀，稳定性好，容易加工，强度大、结构细，耐腐、耐磨，干缩性小
桃花芯木		木质坚硬、轻巧，结构坚固，易加工。色泽温润、大气，木花纹绚丽、漂亮、变化丰富，密度中等，稳定性好，尺寸稳定、干缩率小，强度适中
枫木		颜色淡雅，纹理美丽多变、细腻，高雅，花纹均匀而且细腻，易于加工、重量轻，韧性佳，软硬适中，不耐磨
小叶相思木		木材细腻、密度高，呈黑褐色或巧克力色，结构均匀，有独特的自然纹理，高贵典雅。稳定性好、韧性强、耐腐蚀、缩水率小
水曲柳木		呈黄白色或褐色略黄，纹理明显但不均匀，木质结构粗，纹理直，硬度较大，光泽强，略具蜡质感。耐磨、耐湿，不耐腐，加工性能好
印茄木		又称菠萝格木，结构略粗，纹理交错，质硬、坚韧，稳定性能佳，花纹美观，芯材耐久，耐磨性能好
圆盘豆木		颜色比较深，密度大，坚硬，抗击打能力很强。但脚感较硬，不适合有老人或小孩的家庭使用。使用寿命长，保养简单
橡木		纹理丰富、花纹自然，具有比较鲜明的山形木纹。触摸表面有着良好的质感，韧性极好，质地坚实。制成品结构牢固、使用年限长，稳定性相对较好

（2）实木复合地板

实木复合地板是由不同树种的板材交错层压而成的，一定程度上克服了实木地板干缩湿胀的缺点，干缩湿胀率小，具有较好的尺寸稳定性，并保留了实木地板的自然木纹和舒适的脚感。实木复合地板表面大多涂五遍以上的优质 UV 涂料，硬度、耐磨性、抗刮性佳，而且阻燃、光滑，便于清洗。芯层大多采用可以轮番砍伐的速生材料，出材率高，成本大大低于实木地板，其弹性、保温性等完全不亚于实木地板。

类别		特点
三层实木复合地板		最上层为表板，大都选用优质树种；中间层为芯板，一般选用松木，因为松木有很好的稳定性；下层为底板，以杨木为主，还有松木
多层实木复合地板		多层实木地板的每一层之间都是纵横交错结构，层与层之间互相牵制，使导致木材变形的内应力多次抵消，所以多层实木地板是实木复合地板中稳定性最可靠的
涂饰实木复合地板		表面涂刷清漆或者混油漆的实木复合地板，其耐划性比较好
未涂饰实木复合地板		经过特殊的工艺处理，表面不再需要涂刷油漆的实木复合地板，其纹理的清晰度及美观度更高

（3）强化复合地板

强化复合地板由耐磨层、装饰层、基层、平衡层组成。耐磨性为普通漆饰地板的 10~30 倍，并可用计算机仿真出各种图案和颜色，可和多种风格匹配；彻底打散了原来木材的组织，破坏了各向异性及干缩湿胀的特性，尺寸极稳定，尤其适用于有地暖系统的房间。强化复合地板的缺点为水泡损坏后不可修复，另外脚感较差。

类别		特点
凹凸强化复合地板		地板的纹理清晰，凹凸质感强烈，与实木地板相比，纹理更具规律性
拼花强化复合地板		有多种的拼花样式，装饰效果精美，抗刮划性很高
平面强化复合地板		是非常常见的一种强化复合地板，即表面平整，无凹凸，有多种的纹理可以选择
布纹强化复合地板		地板的纹理像布艺纹理一样，是一种新兴的地板，具有较高的观赏性

（4）软木地板

软木地板被称为“地板的金字塔尖消费”。软木制品的原料主要是橡树的树皮，与实木地板相比更具环保性、隔声性，防潮效果也会更好些，带给人极佳的脚感。软木地板柔软、安静、舒适、耐磨，对老人和小孩的意外摔倒，可提供极大的缓冲作用，其独有的隔声效果和保温性能也非常适合应用于卧室、书房等私密场所。

软木地板可分为粘贴式和锁扣式。粘贴式软木地板一般分为三层结构，最上面一层是耐磨水性涂层，中间一层是纯手工打磨的珍稀软木面层，最下面一层是工程学软木基层；锁扣式软木地板一般分为六层：第一层是耐磨水性涂层；第二层是软木面层，该层为软木地板花色；第三层是一级人体工程学软木基层；第四层是 7mm 厚的高密度密度板；第五层是锁扣拼接系统；第六层是二级环境工程学软木基层。

锁扣式软木地板

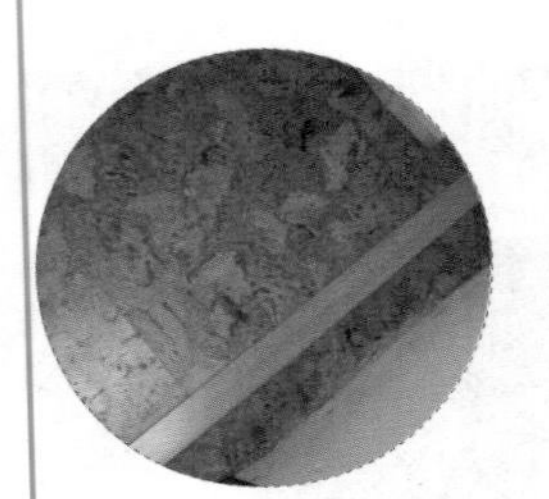

粘贴式软木地板

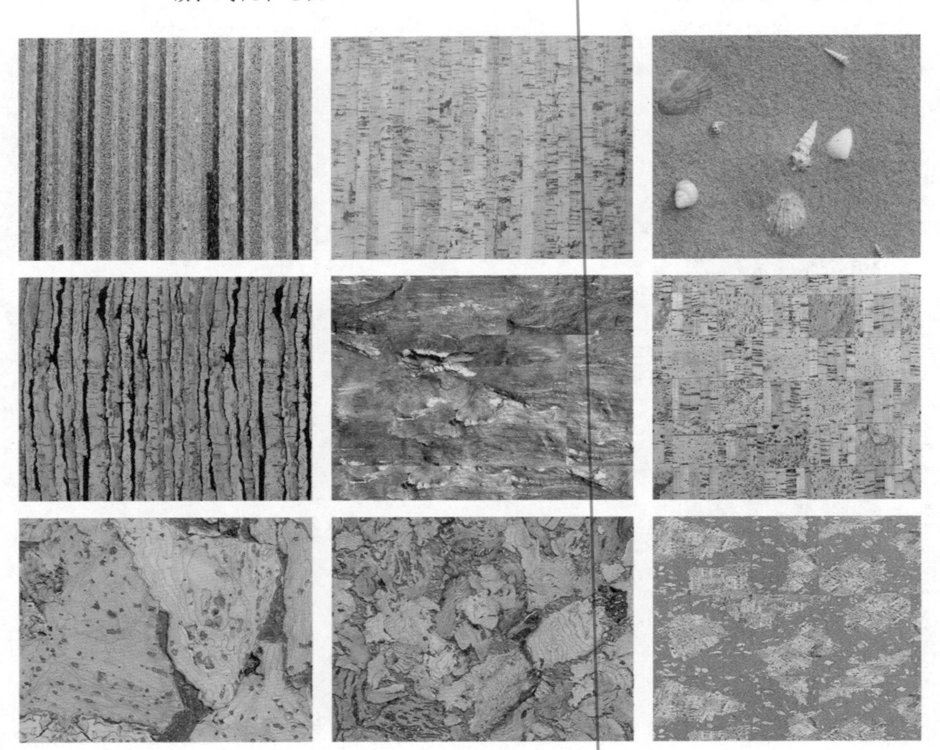

∧ 各种纹理及颜色的软木地板

（5）竹木复合地板

竹木复合地板是竹材与木材复合再生产物。它的面板和底板采用的是竹材，而其芯层多为杉木、樟木等木材。竹木复合地板在生产中经过一系列的防腐、防蚀、防潮、高压、高温以及胶合等工序，是一种新型复合地板。

竹材地板可分为两种，一是自然色，色差比木质地板小，有丰富的竹纹，色彩匀称。自然色又可分为本色和炭化色，本色以清漆处理表面，采用竹子最基本的色彩；炭化色平和高雅，是竹子经过烘焙制成的。二是人工上漆色，漆料可调配成各种色彩，但竹纹不太明显。

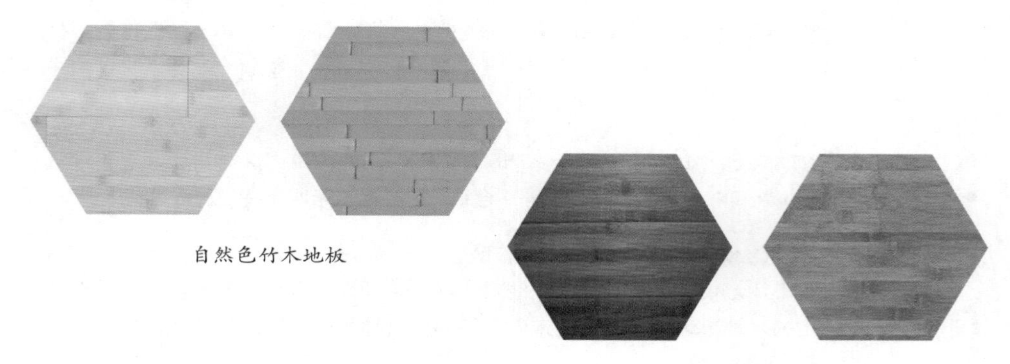

自然色竹木地板

人工色竹木地板

● 竹木地板很适合日式风格的家居空间。

竹木地板的特性很符合日式风格的要求，因此在日式风格的地面设计中，常可以看到铺满房间的竹木地板。有时竹木地板是作为地板出现的，有时则是设计成地台，在竹木地板的地台上铺设榻榻米，以使整体空间呈现出自然、温馨的气息。

∧带有竹节的竹木地板使地面设计更加个性化

2 木地板的选购

（1）实木地板的选购

※ **检查基材的缺陷。**看地板是否有死节、开裂、腐朽、菌变等缺陷，并查看地板的漆膜光洁度是否合格，有无气泡、漏漆等问题。

※ **识别木地板材种。**有的厂家为促进销售，将木材冠以各式各样不符合木材学的美名，如“金不换”“玉檀香”等；更有甚者，以低档木材冒充高档木材，购买者一定要学会辨别。

※ **要观察木地板的精度。**一般木地板开箱后可取出 10 块左右徒手拼装，观察企口咬合、拼装间隙、相邻板间高度差。合缝严格，手感无明显高度差即可。

※ **看含水率。**国家标准规定木地板的含水率为 8%~13%。一般木地板的经销商应有含水率测定仪，如果没有则说明对含水率这项技术指标不重视。购买时先测展厅中选定的木地板含水率，再测未开包装的同材种、同规格的木地板，如果相差在 2%以内，可认为合格。

※ **购买时应多买一些作为备用。**一般 20m^2 房间材料损耗在 1m^2 左右，所以在购买实木地板时，不能按实际面积购买，而要留出余量，以防止地板不够再次购买时出现色差等问题。

（2）实木复合地板的选购

※ **看表层厚度。**实木复合地板表层板材厚度决定其使用寿命，表层板材越厚，耐磨损的时间就长，欧洲对实木复合地板的表层板材厚度一般要求在 4mm 以上。

※ **看层次。**实木复合地板分为表、芯、底三层。表层为耐磨层，应选择质地坚硬、纹理美观的品种；芯层和底层为平衡缓冲层，应选用质地软、弹性好的品种。

※ **看拼接。**选择实木复合地板时，一定要仔细观察地板的拼接是否严密，相邻板应无明显高低差。

※ **看表层油漆。**高档次的实木复合地板，应采用高级 UV 亚光漆，这种漆是经过紫外光固化的，其耐磨性能非常好，一般可以使用十几年不需上漆。可以用硬币划地板来试试地板表层的油漆情况，可以发现，漆膜不好的地板很容易划花，漆膜好的地板反复划后还是没有什么明显的痕迹。

（3）强化复合地板的选购

※ **看吸水膨胀率**。同等密度的产品，吸水膨胀率越大，尺寸稳定性就越差。国家标准规定，吸水膨胀率不超过 10% 为合格，一等品应小于等于 4.5%，优等品应小于等于 2.5%。耐水性能差的地板在潮湿环境下，地板周边若密封不严，可能发生较明显的膨胀，引起尺寸变化。

※ **测耐磨转数**。这是衡量强化复合地板质量的一项重要指标。一般而言，耐磨转数越高，地板使用的时间越长，强化复合地板的耐磨转数达到 1 万转为优等品，不足 1 万转的产品，在使用 1~3 年后就可能出现不同程度的磨损现象。

※ **甲醛含量**。按照欧洲标准，每 100g 地板的甲醛含量不得超过 8mg，如果超过 8mg 则属于不合格产品。

※ **拼装效果**。随意抽几块地板拼装，看接缝是否紧密，板与板之间结合是否平整。有些小厂生产的强化复合地板切割精度不高，拼装后板材留有缝隙，咬合程度差，使用一段时间后水和潮气容易渗入，造成变形起鼓。

（4）软木地板的选购

※ **闻味道**。用鼻子靠近地板的表面闻，如果是淡淡的自然的木香味表明是环保的产品；有很浓烈的刺鼻味道表明使用了不合格的油漆和胶水，这样的地板对人体有害。

※ **看外观**。软木是来自大自然的纯天然产品，在制成地板后表面自然有一些坑洼现象，不影响正常使用。但一些产品由于原料不好，坑洼现象过于严重，后来采用人工补腻子的手段去填补坑洼。腻子的密度和软木完全不同，使用一段时间经热胀冷缩后腻子会暴露出来，把地板完全破坏。

※ **看密度板断面**。软木地板中密度板是很重要的，好地板的密度板都是采用杨木、柏木做的，并且不选用树枝、死树作为基材，还要经过剥树皮工艺、淘洗工艺，而且密度高，采用环保的三聚氰胺胶黏合杂木。从断面可以看到木屑长度较整齐，颜色发白或偏黄，呈黑褐色的密度板质量不好。

∧软木地板的外观

（5）竹木地板的选购

※ **看外观。**首先看竹木地板色泽，本色竹木地板色泽金黄，通体透亮；碳化竹木地板是古铜色或褐色，颜色均匀而有光泽感。然后，将竹木地板置于光线好处，看其表面有无气泡、麻点、橘皮现象，再看其漆面是否丰厚、饱满、平整。

※ **看内在质量。**首先看材质，可用手掂和眼观，若地板拿在手中较轻，说明采用的是嫩竹；若眼观其纹理模糊不清，说明此竹材不新鲜，是较陈旧的竹材。竹子的年龄并非越老越好，最好的竹材年龄为 4~6 年，4 年以下太小，没成材，竹质太嫩；年龄超过 9 年的竹子就老了，老毛竹皮太厚，使用起来较脆。

※ **看地板结构是否对称平衡。**可从竹木地板的两端断面，看其是否符合对称平衡原则，若符合表明结构稳定。看竹木地板层与层间胶合是否紧密：用两手掰，看是否会出现分层。

3 木地板的保养

勤扫勤擦不必要

一般来说，门口范围内应勤扫勤擦，避免石、泥、沙粒等硬物堆积而刮擦地板表面。而门口以外范围内，只需定期吸尘和清扫地板即可。如果遇到血迹、果汁、红酒等残渍，可以用抹布蘸上适量的地板清洁剂擦拭；如果是蜡和口香糖，可以用冰块放在上面一会儿，使之冷冻收缩，然后轻轻刮起，再用湿抹布蘸适量的地板清洁剂擦拭。

拖把浸湿程度不能代表清洁力

很多人都会有湿拖把拖地的习惯，觉得湿度越大，吸附的灰尘就越多。然而对于木地板，禁用湿拖把，过多的水分会导致木地板起鼓而减少木地板的使用年限。日常清洁，须使用拧干的拖布，顺地板方向擦，避免地板含水量剧增。切忌使用酸、碱溶剂或汽油等溶剂擦洗地板。

定期打蜡

地板打蜡是一种常规的保养方式。建议每半年为地板上蜡一次。这样做可延长地板寿命，增加美观度。打蜡要选择适合的时间，一般选择晴朗的天气，下雨天或潮湿天气容易使地板表面因清洁不干净而泛白；而气温太低，地板蜡容易冻结。需要注意的是强化复合地板不需要打蜡和油漆，同时切忌用砂纸打磨抛光。因为强化复合地板不同于实木地板，它的表面本来就比较光滑，亮度也比较好，打蜡反倒会画蛇添足。

4 铺地板应注意的问题

01

铺地板的最佳时间

吊顶和墙面工程、门窗和玻璃工程全部完毕，室内墙根已钻孔、下好装踢脚板的木模（间距和位置准确）后，为铺地板的最佳时间。

02

到货不要急于铺装

地板到货以后不要急于铺装，特别是实木地板，建议打开包装在室内存放一个星期以上，使地板与居室温度、湿度相适应后再使用。这是因为不同地区的湿度是不同的，会直接影响木材的含水率，若木材含水率过高或过低都容易开裂。

03

铺装前先选料

在进行铺装前，需要对板材进行一下筛选，剔除有明显质量缺陷的不合格品；将颜色和花纹一致的地板铺在同一房间内，有轻微质量缺陷但不影响使用的，可摆放在床、柜等家具底部使用；同一房间的板厚必须一致；购买地板时别忘记将10%的损耗一次购齐，避免不够用临时加购产生色差。

04

木料需防腐处理

铺装地板的龙骨应使用松木、杉木等不易变形的树种，木龙骨、踢脚板背面均应进行防腐处理。

05

施工气候条件

如果家里选择铺装实木地板，应注意避免在阴雨气候条件下施工；施工中，最好能够采用一些加湿、除湿设备使室内温度、湿度保持稳定。

06

地板铺龙骨

铺设实木地板需要先用龙骨做衬底，叫作打龙骨，多采用木线条，用射钉或木钉固定成纵横交错、间距相等的网格状支架。在地面平整度相差很多的情况下必须打龙骨，之后再铺地板，能够有效地防止地板变形。如果铺装实木地板，必须打龙骨；如果铺装实木复合地板，建议打龙骨；如果铺装强化地板，由于其已有受力结构，也有防震缓冲层、防潮层，所以在地面平整的情况下不是必须打龙骨。

思考与巩固

1. 木地板应怎样保养？
2. 强化地板需不需要架设龙骨或者放衬板？

二、地毯

学习目标	本小节重点讲解家庭中地毯的种类、特点以及选购常识。
学习重点	了解地毯的构成和适用空间。熟悉日常地毯的清洁和保养技巧。

1 地毯的主要种类及应用

地毯，是以棉、麻、毛、丝、草等天然纤维或化学合成纤维类原料，经手工或机械工艺进行编结、栽绒或纺织而成的地面铺敷物。它不仅具有装饰效果，还有艺术观赏价值，脚感佳，且隔声性能好。地毯的种类很多，以制作工艺来分，主要是手工编织和机器编织两种；以材料来分，主要有羊毛地毯、化纤地毯、混纺地毯、塑料地毯、草织地毯等。

（1）羊毛地毯

羊毛地毯泛指以羊毛为主要原材料编制的地毯，是地毯中的高档产品。羊毛地毯的手感柔和、弹性好、色泽鲜艳且质地厚实、抗静电性能好、不易老化褪色，同时还有较好的吸声能力，可以降低各种噪声。但它的防虫性、耐菌性和耐潮湿性较差。容易发霉或被虫蛀，价格也昂贵。

（2）化纤地毯

化纤地毯也称为合成纤维地毯，品种极多，有尼龙（锦纶）、聚丙烯（丙纶）、聚丙烯腈（腈纶）、聚酯（涤纶）等不同种类。化纤地毯外观与手感类似羊毛地毯，面层一般采用中长纤维，绒毛不易脱落、起球，不受湿度影响，具有防污、防虫蛀等特点，价格低于其他材质地毯。但其回弹性、保温性都较差，人造纤维易燃，易产生静电和吸附灰尘。

（3）混纺地毯

混纺地毯是以纯毛纤维和各种合成纤维（如尼龙、锦纶等）混合编织而成的地毯。混纺地毯的耐磨性能比羊毛地毯高得多，同时克服了化纤地毯起静电吸尘的缺点，也可克服了纯毛地毯易腐蚀等缺点，具有保温、耐磨、抗虫蛀、强度高等优点，弹性、脚感比化纤地毯好，价格适中，特别适合使用在经济型装修的住宅中。

（4）塑料地毯

塑料地毯如聚氯乙烯地毯，采用聚氯乙烯树脂、增塑剂等多种材料，经均匀混炼、塑制而成。塑料地毯质地柔软、色彩鲜艳、舒适耐用、不怕湿、不虫蛀、不霉烂、弹性好、耐磨、可根据面积任意拼接，适用于卫浴间、厨房等多水的环境中。

（5）草织地毯

主要由草、麻、玉米皮等材料加工漂白后纺织而成，乡土气息浓厚，适合夏季铺设。但易脏、不易保养，经常下雨的潮湿地区不宜使用。

2 地毯的选购

※ **鉴定材质**。市场上有不少仿制纯天然动物皮毛的化学纤维地毯。要识别是不是纯天然的动物皮毛，方法很简单，购买时可以在地毯上扯几根绒毛点燃，纯毛燃烧时无火焰，冒烟，有臭味，灰烬多呈有光泽的黑色固体状，并且用手可以轻易地将黑色固体物碾碎。

※ **密度和弹性**。密度越高，弹性越好，地毯的质量也就相对越好。检查地毯的密度和弹性，可以用手指用力按在地毯上，松开手指后地毯能够迅速恢复原状，表明织物的密度和弹性都较好。也可以把地毯正面折弯，越难看见底垫的地毯，表示毛绒织得越密，也就越耐用。

※ **防污能力**。一般而言，素色和有图案的地毯较易显露污渍和脚印，所以在一些公共空间，最好选用经过防污处理的深色地毯，以方便清洁。

3 地毯的清洁和保养

地毯要避免阳光直射

强烈的阳光照射会直接使地毯老化褪色，不但影响美观性，还会使地毯的使用寿命减短。

避免地毯与化学物品接触

地毯与化学品接触后，可能会产生化学污渍或出现褪色，故此要避免地毯沾染一般家庭常用的化学品，如漂白水、杀虫水、强力清洁剂等。

地毯需要经常吸尘

因为尘埃藏积在地毯内，会对纤维造成磨损，而且会使地毯的颜色变得暗淡，在大厅、走廊和走动频繁的地方，一周应吸尘2～3次，卧室也应至少一周吸尘一次。吸尘器的选择和吸尘方法也会影响清洁效果，配备旋转除尘刷的吸尘器，可以比较有效地吸净地毯内的尘埃。吸尘的时候需要慢慢推动吸尘器，动作应是把吸尘刷推前、拉后再推前。

思考与巩固

1. 塑料地毯适用于什么样的空间？
2. 日常应怎样保养才能让地毯使用寿命更长？

第六章 装饰门窗及五金

门窗是家居建筑结构的重要组成部分，在设计上以安全、气密、隔声、节能为主，而近年来，门窗脱离传统制式标准，对材质的要求也更加严格，令家居整体质感呈现出精致的艺术风格，业主可以根据实际情况加以选择。

扫码下载本章课件

一、装饰门窗

学习目标	本小节重点讲解室内门窗及五金的种类、特点以及选购要点。
学习重点	了解不同种类门窗的优缺点以及适用空间。

1 门窗的主要种类及特点

门按照开启方式分为平开门、推拉门、折叠门、弹簧门四种。根据材料和功能的不同，室内常用的门可分为防盗门、实木门、实木复合门、模压门、玻璃推拉门。窗的主要种类有塑钢窗、铝合金窗、木窗等。

(1) 防盗门

防盗门即为入户门，是守护家居安全的一道屏障，因此首先应注重防盗性能。除此之外，还应该具备比较高的隔声性能，隔绝室外的声音。防盗门的安全性与其材质、厚度及锁的做工有关，隔声则取决于密封程度。

类别		特点
钢木防盗门		防盗门具有防火、隔音、防盗、防风、美观等特点
铁、钢质防盗门		这种中低档防盗门开发最早，应用面也最广，使用时间较长后容易被腐蚀，会出现生锈、掉色现象，造型线条生硬
铝合金防盗门		材质硬度较高，色泽艳丽，加上图案纹饰等，透出富丽堂皇的豪华气质。另外，铝合金防盗门不易受腐蚀和褪色。有些铝合金防盗门的合页是用拉钉固定的，不能拆卸。铝合金防盗门的缺点是开关门时有摩擦声音和金属响声等

（2）实木门

实木门是指制作木门的材料是取自森林的天然原木或者实木集成材，经加工后的成品门具有不变形、耐腐蚀、无裂纹及隔热保温等特点。因为原料天然，所以无毒、无味，不含甲醛、甲苯，无辐射污染，环保健康，属绿色环保产品。富有艺术感，显得高贵典雅，能起到点缀居室的作用，十分适合欧式古典风格和中式古典风格的家居设计。

类别		特点
全木实木门		整体材料为实木，且都由一种木材制作而成，外款式多样，富有艺术感、显得高贵典雅，可适用于玄关、卧室、书房
半玻实木门		半玻门扇有上、中、下冒头及边梃，上半部分镶玻璃，下半部分为实木板，玻璃部分有一定的透光性，一般适用于厨房、卫生间、阳台
全玻实木门		门扇只有上、下冒头且中间全部镶玻璃，边框为实木材质，透光性极佳，但样式相对较少，适用于厨房、阳台

材料实战解析

纯实木门如果做工不好，非常容易变形、开裂，因而完全没有必要刻意去追求所谓的纯实木门。市场上多数实木门实际上是实木贴皮的，同一种硬木雕刻、制作而成的实木雕花门价格非常昂贵。

（3）实木复合门

实木复合门的门芯多以松木、杉木或进口填充材料等黏合而成，外贴密度板和实木木皮，经高温热压后制成，并用实木线条封边。一般高级的实木复合门，其门芯多为优质白松，表面则为实木单板。由于白松密度小、重量轻，且较容易控制含水率，因而成品门的重量都较轻，也不易变形、开裂。实木复合门的造型多样，款式很多，表面可以制作出各种精美的纹样。

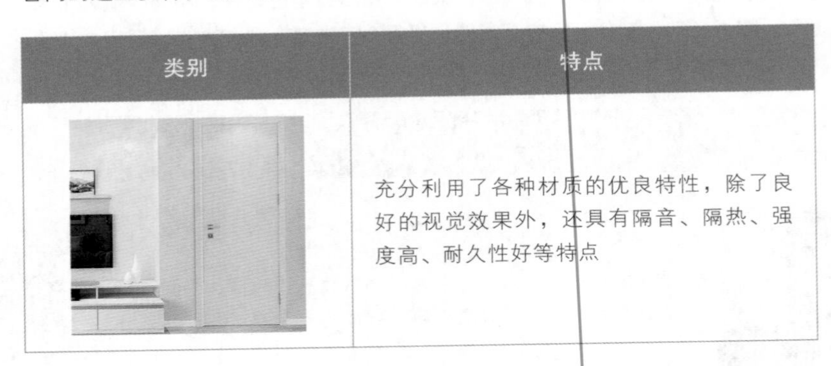

类别	特点
	充分利用了各种材质的优良特性，除了良好的视觉效果外，还具有隔音、隔热、强度高、耐久性好等特点

● **平板的实木复合门给空间带来简约感。**平板门外形简洁、现代感强，材质选择范围广，色彩丰富，可塑性强，易清洁，价格适宜，但视觉冲击力偏弱。适合追求简洁、素雅的空间使用。平板门也可以通过镂铣塑造多变的古典式样，但线条的立体感较差，缺乏厚重感。

V 实木复合门与墙面的面板色调一致，衬托出现代风格的时尚感、简约感

(4)模压门

模压门是采用模压门面板制作的带有凹凸造型的或有木纹、或无木纹的一种木质室内门。它以木皮为板面，保持了木材天然纹理的装饰效果，同时可进行面板拼花，既美观活泼又经济实用，还具有防潮、膨胀系数小、抗变形的特性，使用一段时间后，也不会出现表面龟裂和氧化变色等现象。模压门的门板内为空心，隔声效果相对实木门较差；门身轻，没有手感，档次低。模压门比较适合现代风格和简约风格的家居。

模压门样式

● 白漆模压门令简约风格更具“小资”情调。一体成型的模压门造型凹凸有致，干净典雅的白色调具有“小资”格调，非常适合年轻的小夫妻选用。

（5）玻璃推拉门

玻璃推拉门既能够分隔空间，也能够保障光线的充足，还能隔绝一定的音量，而拉开后两个空间便合二为一，且不占空间。现在多数家庭中都有玻璃推拉门的身影，市面上的玻璃推拉门框架有铝合金的，还有木制的、塑钢的等，可根据室内风格搭配选择。玻璃推拉门常用于阳台、厨房、卫浴、壁橱等家居空间中。

类别		特点
铝镁合金推拉门		以铝镁合金为推拉门的结构材料，具有轻薄、美观的特点
塑钢推拉门		以塑钢为推拉门的结构材料。塑钢是市场中最常见的推拉门材料，具有坚固、耐刮划、使用寿命长等特点
实木推拉门		以实木材料为结构的推拉门，档次较高，装饰效果精美

(6)塑钢门窗

塑钢门窗是继木、铁、铝合金门窗之后发展起来的。由于其价格较低，性能价格比较好，现仍被广泛使用。这种门窗的边框是以聚氯乙烯、树脂为主要原料，钢塑共挤而非焊接而成的，是目前强度非常好的门窗边框。塑钢门窗与铝合金门窗相比，具有更优良的密封、保温、隔热、隔声性能。从装饰角度看，塑钢门窗表面可着色、覆膜，做到了多样化，而且外表没有铝合金的生硬和冰冷的感觉。

∧塑钢门窗可根据室内色彩而搭配

(7)铝合金门窗

铝合金门窗多采用空芯薄壁铝合金材料制作而成，铝合金门多为推拉门，通常是铝合金做框，内嵌玻璃，也有少量镶嵌板材的做法。铝合金门窗曾经是市场上的主流产品，具有垄断性的地位。在家装中，常用铝合金窗封装阳台。铝合金推拉窗具有美观、耐用、便于维修、价格便宜等优点，但也存在推拉噪声大、保温性能差、易变形等问题。

∧铝合金窗干净、整洁

（8）木窗

木窗不仅适用于中式古典风格和新中式风格，还可用于东南亚风格、新古典风格、日式风格等空间装饰，但由于易变形、开裂等多种问题，目前应用于外窗的很少。中式窗的传统构造十分考究，窗棂上雕刻有线槽和各种花纹，构成种类繁多的优美图案。透过木窗，可以看到外面的不同景观，好似镶在框中并挂在墙上的一幅画。中式木窗棂在现代居室空间的使用中多半做局部的点缀性装饰，可用作壁饰、隔断、天花装饰、桌面、镜框等，其雕工精致的花纹为居室带来盎然古意。

> *中式的窗棂为居室增添古典韵味和艺术感*

∧ *原木色的木窗给日式风格的卧室带来禅意*

2 门窗的选购

（1）防盗门的选购

※ **看等级**。防盗门安全等级分为 A、B、C 三级。C 级防盗性能最高，B 级其次，A 级最低。A 级普遍适用于一般家庭。A 级要求：全钢质、平开全封闭式，在普通机械手工工具与便携式电动工具的相互配合作用下，其最薄弱环节能够抵抗非正常开启的净时间≥ 15 min。

※ **看材质**。目前防盗门的材质普遍采用不锈钢，选购时主要看两点。一是看牌号，现流行的不锈钢防盗门材质以牌号 302、304 为主。二是看钢板厚度，门框钢板厚度不小于 2cm，门扇前后面钢板厚度一般有 0.8~1.0cm，门扇内部设有骨架和加强板。

※ **看锁具**。合格的防盗门一般采用三方位锁具或五方位锁具，不仅门锁可以锁定，上下横杆也都可以插入锁定，对门加以固定。大多数门在门框上还嵌有橡胶密封条，关闭门时不会发出刺耳的金属碰撞声。要注意是否采用经公安部门检测合格的防盗专用锁，在锁具处应有 3mm 以上厚度的钢板进行保护。

※ **看外观**。注意看有无开焊、未焊、漏焊等缺陷，看门扇与门框配合处的所有接头是否密实，间隙是否均匀一致，开启是否灵活，油漆、电镀是否均匀、牢固、光滑等。

※ **看安装**。安装好防盗门后要检查钥匙、保险单、发票、售后服务单等配件和资料，与防盗门生产厂家提供的配件和资料等是否一致。

（2）实木门、实木复合门的选购

※ **含水率**。含水率是木质产品的一个重要指标。几乎所有的木质材料都需要进行烘干处理，含水率过高很容易导致木制产品产生变形、开裂等问题。木质门的含水率通常必须控制在 10%左右。

※ **外观**。触摸感受木门漆膜的丰满度，漆膜丰满说明油漆的质量好，对木材的封闭好；可以从门斜侧方的反光角度，看表面的漆膜是否平整，有无橘皮现象，有无凸起的细小颗粒。其中对于实木复合门还需要注意门扇内的填充物是否饱满，门的装饰面板和实木线条与内框是否粘贴牢固，无翘边和裂缝。

※ **五金配件**。实际上门在使用时最容易坏的还是锁具和合页等五金配件，尽量不要自己另购五金配件，如果厂家实在不能提供合意的五金产品，需要自己选择，则一定要选名牌大厂的五金产品，这样的产品一般都是终身保用的。

（3）玻璃推拉门的选购

※ **检查密封性**。目前市场上有些品牌的推拉门底轮是外置式的，因此两扇门滑动时就要留出底轮的位置，这样会使门与门之间的缝隙非常大，密封性无法达到规定的标准。

※ **看底轮质量**。只有具备超大承重能力的底轮才能保证良好的滑动效果和超长的使用寿命。承重能力较小的底轮一般只适合做一些尺寸较小且门板较薄的推拉门，进口优质品牌的底轮，具有180kg承重能力及内置的轴承，适合制作各种尺寸的滑动门，同时具备底轮的特别防震装置，可使底轮能够应对各种状况的地面。

∧ 推拉门的宽度宜保持在80cm以内

(4)模压门的选购

模压门的主材为密度板，同时生产时采用了大量的胶黏剂，因而选购模压门最需要注意的是其甲醛含量不能超标，选购时可以闻一下判断有没有异味，异味越重说明所含的有害物质越多。此外选购模压门时还需要看其贴面与基板粘贴得是否平整牢固，有无翘边和裂缝，有些质量差的模压门贴面可以轻易撕扯下来。

材料实战解析

正常门的黄金尺寸（宽 × 高）是 80cm×200cm，在这种结构下，门是相对稳定的。如果在高于 200cm 的高度，甚至更高的情况下做推拉门，则最好在面积保持不变的前提下，将门的宽度缩窄或多做几扇推拉门，这样才能保持门的稳定和使用安全性。

(5)塑钢门窗的选购

※ **玻璃五金配件。**塑钢门窗的玻璃和五金件是不可忽视的组成部件。看玻璃时，主要看其是否平整、无水纹，玻璃与塑料型材不直接接触，有密封压条贴紧缝隙。检查五金配件时主要看其是否齐全，安装位置是否正确，安装得是否牢固，推拉时能否灵活使用。

※ **型材。**塑钢门窗的主材为 UPVC，UPVC 型材是决定塑钢门窗质量的关键。好的 UPVC 型材壁厚应大于 2.5mm，同时表面光洁，颜色为象牙白或者白中泛青。有些低档的材料白中泛黄，这种型材防晒能力较差，使用几年后容易出现变形、开裂等问题。

(6)铝合金门窗的选购

※ **厚度。**铝合金推拉门有 70 系列、90 系列两种，数值越大，厚度越大。住宅内部的铝合金推拉门采用 70 系列即可。铝合金推拉窗有 55 系列、60 系列、70 系列、90 系列四种。系列选用应根据窗洞大小及当地风压值而定。

※ **强度。**拉伸强度应达到 157MPa，弯曲强度要达到 108MPa。选购时，可用手适度弯曲型材，松手后应能恢复原状。

※ **光泽度和氧化度。**铝合金门窗避免选购表面有开口气泡（白点）和灰渣（黑点）以及裂纹、毛刺、起皮等明显缺陷的型材。氧化膜厚度应达到 10μm。选购时可在型材表面轻划一下，看其表面的氧化膜是否可以擦掉。

3 门窗安装注意事项

（1）木门窗安装注意事项

● 在木门窗套施工中，首先应在基层墙面内打孔，下木模。木模上下间距小于 300mm，每行间距小于 150mm。然后按设计门窗贴脸宽度及门口宽度锯切大芯板，用圆钉固定在墙面及门洞口，圆钉要钉在木模子上。

● 检查底层垫板牢固安全后，可做防火阻燃涂料涂刷处理。

● 门窗套饰面板应选择图案花纹美观、表面平整的胶合板，胶合板的树种应符合设计要求。

● 裁切饰面板时，应先按门洞口及贴脸宽度弹出裁切线，用锋利的裁刀裁开，对缝处刨 45°，背面刷乳胶液后贴于底板上，表层用射钉枪钉入无帽直钉加固。

∧ 木门接缝安装平整

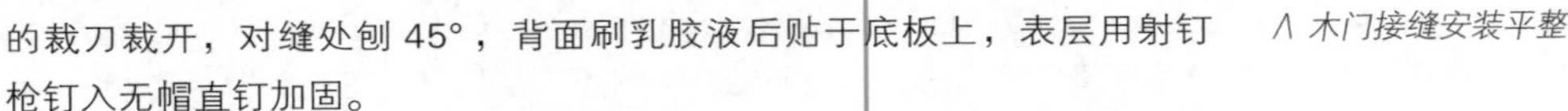

● 门洞口及墙面接口处的接缝要求平直，45° 对缝。饰面板粘贴安装后用木角线封边收口，木角线横竖接口处刨 45° 接缝处理。

（2）塑钢门窗安装注意事项

● 塑钢门窗与墙体的连接，一是可用膨胀螺栓固定，二是可在墙内预埋木砖或木楔，用木螺钉将门窗框固定在木砖或木楔上。

● 门窗框与墙体结构之间一般留 10~20mm 缝隙，填入轻质材料（丙烯酸酯、聚氨酯、泡沫塑料、矿棉、玻璃棉等），外侧嵌注密封膏。

● 门窗安装五金配件时，应钻孔后用自攻螺钉拧入，不得直接拧入。各种固定螺钉拧紧程度应基本一致，以免变形。

● 固定连接件可用 1.5mm 厚的冷轧钢板制作，宽度不小于 15mm，不得安装在中横框、中竖框的接头上，以免外框膨胀受限而变形。

● 固定连接件（节点）处的间距要小于或等于 600mm。应在距窗框的四个角、中横框、中竖框 100~150mm 处设连接件，每个连接件不得少于两个螺钉。嵌注密封胶前要清理干净框底的浮灰。

● 安装组合窗门时，应将两窗（门）框与拼樘料卡结，卡结后应用紧固件双向拧紧。其间距应小于或等于 600mm，紧固件端头及拼樘料与窗（门）框间的缝隙应用嵌缝膏进行密封处理。拼樘料型钢两端必须与洞口固定牢固。

(3)铝合金门窗安装注意事项

● 门窗框与墙体之间需留有 15~20mm 的间隙，并用弹性材料填嵌饱满，表面用密封胶密封。不得将门窗框直接埋入墙体，或用水泥砂浆填缝。

● 密封条安装应留有比门窗的装配边长 20~30mm 的余量，转角处应斜面断开，并用胶黏剂粘贴牢固。

● 门窗安装前应核定类型、规格、开启方向是否合乎要求，零部件和组合件是否齐全。洞口位置、尺寸及方正应核实，有问题的应提前进行剔凿或找平处理。

● 为保证门窗在施工过程中免受磨损、变形，应采用预留洞口的办法，而不应采取边安装边砌口或先安装后砌口的做法。

● 门窗与墙体的固定方法应根据不同材质的墙体而定。如果是混凝土墙体，可用射钉或膨胀螺钉，砖墙洞口则必须用膨胀螺钉和水泥钉，而不得用射钉。

● 如安装门窗的墙体，在门窗安装后才做饰面，则连接时应留出做饰面的余量。

● 推拉门窗扇必须有防脱落措施，扇与框的搭接量应符合安全要求。

∧ 铝合金门窗颜色较冷，适合简约设计的居室使用

思考与巩固

1. 木门窗适用于什么风格的居室？

2. 铝合金门窗有哪些系列？家用推拉门一般用什么系列？

二、门五金配件

学习目标	本小节重点讲解门五金配件的类别和特点。
学习重点	了解门锁、门吸、门把手的类别、特点和适用空间。

1 门五金配件的类别和特点

无论何种类型的门，都主要是靠不停地开合来工作的，而开合主要靠的是五金配件，五金配件是保证门正常工作的基础，虽然配件很小，但却不能缺少。不同的五金配件有不同的作用，宜结合门的类型具体选择。

（1）门锁

家居中只要是带门的空间，一般都需要门锁，入户门锁常用户外锁，是家里和家外的分水岭；通道锁起着门拉手的作用，没有保险功能，适用于厨房、过道、客厅、餐厅及儿童房；浴室锁的特点是在里面能锁住，在门外用钥匙才能打开，适用于卫浴间。

类别		特点	材质	应用范围
球形门锁		门锁的把手为球形，制作工艺相对简单，造价低	材质主要为铁、不锈钢和铜。铁用于产品内里结构，外壳多用不锈钢，锁芯多用铜	可安装在木门、钢门、铝合金门及塑料门上。一般用于室内门
三杆式执手锁		门锁的把手造型简单实用，制作工艺相对简单，造价低	材质主要为铁、不锈钢、铜、锌合金。铁用于产品内里结构，外壳多用不锈钢，锁芯多用铜，锁把手为锌合金材质	一般用于室内门门锁。尤其方便儿童、年长者使用
插芯执手锁		此锁分为分体锁和连体锁，品相多样	产品材质较多，有锌合金、不锈钢和铜等	产品安全性较好，常用于入户门和房间门
玻璃门锁		表面处理多为拉丝或者镜面，美感大方，具有时尚感	采用高强度结构钢、锌合金压铸或不锈钢制成，克服了铁、锌合金易生锈、老化、刚性不足的缺点	常用于带有玻璃的门，如卫浴门、橱窗门等

续表

类别		特点	材质	应用范围
电子密码锁		通过密码输入来控制电路或是芯片工作，从而控制机械开关的闭合，完成开锁、闭锁任务的电子产品	它的种类很多，有简易的电路产品，也有基于芯片的性价比较高的产品	适用于室内或室外门

门锁兼具美观性和功能性，可以美化家居环境，也能提升隔声效果。空间不同，门锁的选择也不同，可以从使用部位的功能性来选择。例如，入户门一定要使用结实、保险的门锁，而室内门则更注重门锁的美观、方便。其中卧室门、客厅门不常关，也不常上锁，可买开关次数保证少的门锁，而卫浴门锁的开关和上锁频率较高，因此要买质量好、开关次数保证高的门锁。除此之外，挑选门锁时还不能忽视门锁把手的健康因素。比如，卫浴间适合装铜把手，不锈钢的门把手看起来虽然干净，但实际上会滋生成千上万的病菌，黄铜门把手上的细菌比不锈钢门把手上的要少得多，因为铜有消灭细菌的作用。

不同风格的门锁把手

(2)门吸

门吸是安装在门后面的一种小五金配件。在门打开以后，通过门吸的磁性把门稳定住，防止门被风吹后自动关闭，同时也防止在开门时用力过大而损坏墙体。常用的门吸又叫作“墙吸”。目前市场流行的一种门吸，称为“地吸”，其平时与地面处于同一个平面，打扫起来很方便，当开门的时候，门上带有磁铁的部分会把地吸上的铁片吸起来，及时阻止门撞到墙上。

墙吸

地吸

2 门五金的选购

（1）门锁的选购

※ 因门选锁。选择锁具时，首先要注意选择与自家门开启方向一致的锁，这样可使开关门更方便；其次要注意门框的宽窄，一般情况下，球形锁和执手锁不能安在门周边骨架宽度小于 90mm 的门上；在 90mm 以上 100mm 以下时，应选择普通球形锁 60mm 锁舌；在 100mm 以上时，可选用大挡盖即 70mm 锁舌的锁具。另外，门的厚度与锁具是否匹配也是一个重要选项。

※ 耐磨度。与耐磨度相关联的是门锁的材质。在材质的选择上可通过“看”“掂”“听”来掌握。看其外观颜色，纯铜制成的锁具一般都经过抛光和磨砂处理，与镀铜相比，色泽要暗，但很自然。掂其分量，纯铜锁具手感较重，而不锈钢锁具明显较轻。听其开启的声音，镀铜锁具开启声音比较沉闷，不锈钢锁的声音很清脆。

※ 手感。门锁的手感是由弹簧决定的，弹簧的好坏决定使用时的手感和使用寿命。弹簧不好，容易造成把手下垂，缩短门锁寿命。选购时要亲自试一试门锁弹簧的韧度，好的弹簧带来的手感是十分柔和的，不会太软也不会太硬。

※ 镀层。在选购过程中还要看门锁的镀层，也就是考虑门锁的把手是否会掉色。一般来说，好的门锁的保护层，也就是镀层不会被轻易氧化和磨损。门锁把手的镀层关系到居室整体的美观，因而这一点也不容忽视。

（2）门吸的选购

※ 选择品牌产品。品牌产品从选材、设计到加工、质检都足够严格，生产的产品能够保证质量且有完善的售后服务，这是十分必要的。

※ 看材质。门吸最好选择不锈钢材质，具有坚固耐用、不易变形的特点。质量不好的门吸容易断裂，购买时可以使劲掰一下，如果会发生形变，则不要购买。

※ 考虑适用度。比如，计划安在墙上，就要考虑门吸上方有无暖气、储物柜等有一定厚度的物品，若有则应装在地上。

思考与巩固

1. 门吸的作用是什么？常用的有哪些种类？

2. 门锁选购时应注意哪些问题？

第七章 漆及涂料

在居室中最能表现出色彩的地方是墙面。很多人在装修时往往忽略了墙面，认为刷上白色涂料就可以了，其实墙面完全可以更出彩，有颜色的墙面更容易配家具。

扫码下载本章课件

一、墙面漆及涂料

学习目标	本小节重点讲解油漆工程中的墙面漆、涂料和墙面腻子的类别、特点以及选购施工规范。
学习重点	了解家装常用的乳胶漆、硅藻泥、马来漆、艺术涂料、液体壁纸、金属漆、墙面彩绘以及墙面腻子的种类和用途，并能熟悉相关的选购和施工要点。

1 墙面漆及涂料的主要种类及特点

漆及涂料可以理解为一种涂敷于物体表面能形成完整的漆膜，并能与物体表面牢固黏合的物质。它是装饰材料中的一个大类，品种很多。家装常见的有乳胶漆、硅藻泥、马来漆、艺术涂料、液体壁纸、金属漆、墙面彩绘等。

(1)乳胶漆

乳胶漆是乳胶涂料的俗称，是以合成树脂乳液为基料，填料经过研磨分散后加入各种助剂精制而成的涂料。乳胶漆具备与传统墙面涂料不同的众多优点，如易于涂刷、干燥迅速、漆膜耐水、耐擦洗性好等。乳胶漆有平光、高光等不同类型，不同颜色可随意搭配，品牌商家通常会提供很多的小色样供客户选择。

市面上的乳胶漆品种多样，很容易挑花眼，可以根据房间的不同功能选择相应特点的乳胶漆。对于卫浴间、地下室，最好选择耐真菌性较好的产品；对于厨房、浴室，选择耐污渍及耐擦洗性较好的产品。除此之外，选择具有一定弹性的乳胶漆，对覆盖裂纹、保护墙面的装饰效果有利。

< 乳胶漆涂刷后的效果

(2)硅藻泥

硅藻泥是一种以硅藻土为主要原材料的室内装饰壁材，具有消除甲醛、净化空气、调节湿度、释放负氧离子、防火阻燃、墙面自洁、杀菌除臭等功能。硅藻泥是以无机胶凝物质为主要黏结材料，硅藻材料为主要功能性填料，配制的干粉状内墙装饰涂覆材料。

类别		特点
稻草硅藻泥		颗粒最大的一种硅藻泥，吸放湿量较高。材料中添加了稻草，有自然、淳朴的装饰效果
防水硅藻泥		此种硅藻泥为中等颗粒，吸放湿量中等。材料中添加了防水剂，可以用在较为潮湿的区域
原色硅藻泥		也是一种大颗粒的硅藻泥，吸湿量较大。表面粗糙感明显，装饰效果较为粗犷
金粉硅藻泥		颗粒较大的一种硅藻泥，吸放湿量较高。材料中添加了金粉，装饰效果较为奢华
膏状硅藻泥		唯一一种状态为膏状的硅藻泥，材料的颗粒和吸放湿量均较小
表面质感型硅藻泥		此类硅藻泥采用平光工法或喷涂工法施工，肌理不明显，质感类似乳胶漆，但更粗一些，装饰效果质朴大方
艺术型硅藻泥		此类硅藻泥采用艺术工法施工，使用各种工具在表面制作各种肌理或图案，或绘制图案，效果丰富

不同类型的硅藻泥，能够获得不同风格的效果。浆状硅藻泥有黏性，适合做不同的造型，而施工的难度较高，需要专业人员来进行，不适合家庭自主施工，且价格要比液状的高一些。

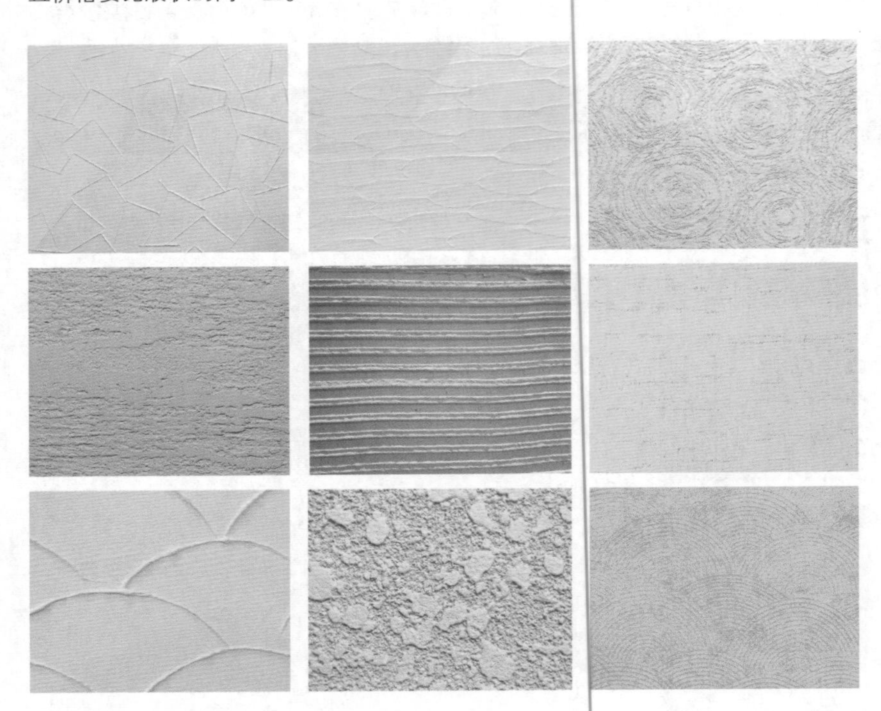

∧ 各种纹理及颜色的硅藻泥

< 硅藻泥墙面装饰效果

（3）马来漆

马来漆是指通过各类批刮工具在墙面上批刮操作，产生各类纹理的一种涂料，其纹理图案类似马蹄印造型，因此被命名为“马来漆”。其漆面光洁、手感滑润，花纹具有三维效果，是新兴墙面艺术漆的代表。具有绿色环保、色彩浓淡相宜、效果华丽富贵、质感独特，使用过程中不褪色、不起皮，耐酸、耐碱、耐擦洗等特点。

类别		特点
单色马来漆		由单一颜色的涂料做出的图案；效果相对来说较朴素；可以代替墙漆或壁纸
混色马来漆		由两种颜色的涂料叠加做出的图案；效果较单色马来漆华丽一些
大刀纹马来漆		大块面的纹理叠加产生的图案；形状犹如刀片；可以代替墙漆或壁纸大面积使用
叠影纹马来漆		有方块、半圆、三角等多种纹理；图案犹如叠加起来的影子；效果独特、层次丰富
金银纹马来漆		批涂图案时加入了金银粉；或在其他图案上叠加金银线做装饰；效果华丽、富贵

马来漆的花纹独特而层次丰富，因此，适合搭配一些具有素净感的材质，如白色乳胶漆、纹理较为规则的木质材料等，可起到互相衬托的作用，同时可避免使空间装饰层次显得过于混乱。马来漆适合多种室内风格，如现代、简约、美式、中式等。但在设计时，需注意色彩的选择应与风格的特征相符，如现代风格的居室内，可选择灰色或具有个性的跳色。

∧ 客厅墙面采用灰绿色的马来漆，营造一种精致的生活氛围

(4) 艺术涂料

所谓艺术涂料，其实就是以各种高品质的具有艺术表现功能的涂料为材料，结合一些特殊工具和施工工艺，制造出各种纹理图案的装修材料。艺术涂料不仅克服了乳胶漆色彩单一，无层次感及壁纸易变色、翘边、起泡、有接缝、寿命短的缺点，而且具有乳胶漆易施工、寿命长的优点，以及壁纸图案精美、装饰效果好的特征，是集乳胶漆与壁纸的优点于一身的高科技产品。但艺术涂料的施工过程并不简单，最后效果的好坏与施工人员的素养和专业技术都有很大的联系，因此要慎重挑选技工。艺术涂料应用于装饰设计中的主要景观，如门庭、玄关、电视背景墙、廊柱、吧台、吊顶等，能产生极其高雅的效果。

类别		特点
威尼斯灰泥		质地和手感滑润，花纹讲究若隐若现，有三维感，表面平滑如石材，光亮如镜面。需用独特的施工手法和蜡面工艺处理，可以在表面加入金银批染工艺，渲染出华丽的效果
板岩漆系列		采用独特材料，其色彩鲜明，具有板岩石的质感，可任意创作艺术造型。通过艺术施工的手法，呈现各类自然岩石的装饰效果，具有天然石材的表现力，同时具有保温、降噪的特性
浮雕漆系列		是一种立体质感逼真的彩色墙面涂装艺术质感涂料。装饰后的墙面酷似浮雕的观感效果，所以称为浮雕漆。它具有独特立体的装饰效果，仿真浮雕，涂层坚硬，黏结性强，阻燃，隔声，防霉，艺术感强
幻影漆系列		幻影漆实如其名，能使墙面变得如影如幻，能装饰出上千种不同色彩、不同风格的变幻图案效果，或清素淡雅、或热烈奔放，其独特的优异品质又融合了古典主义与现代艺术的神韵
肌理漆系列		肌理漆系列具有一定的肌理性，花型自然、随意，适合不同场合的要求，满足人们追求个性化的装修需求，异型施工更具优势，可配合设计做出特殊造型与花纹、花色

续表

类别		特点
金属漆系列		由高分子乳液、纳米金属光材料、纳米助剂等优质原材料采用高科技生产技术合成的新产品，适合于各种内外场合的装修，具有金箔闪闪发光的效果，给人一种金碧辉煌的感觉
裂纹漆系列		它能迅速有效地产生裂纹，裂纹纹理均匀，变化多端，错落有致，极具立体美感。它花纹丰富：有的苍劲有力、纵横交错，有的犹如一幅壮丽的山川河流图般自然逼真，极具独特的艺术美感，为古典艺术与现代装修的结合品
马来漆系列		其漆面光洁，有石质效果，花纹讲究若隐若现，有三维感。花纹可细分为冰菱纹、水波纹、大刀石纹等各种效果，以上效果以朦胧感为美。进入国内市场后，马来漆风格有创新，演绎为纹路有轻微的凸凹感
砂岩漆系列		砂岩漆可以配合建筑物不同的造型需求，在平面、圆柱、线板或雕刻板上创造出各种砂壁状的质感，满足设计上的美观需求，装饰效果独特。砂岩漆耐候性佳，密着性强，耐碱性优，具有天然石材的质感，耐腐蚀，易清洗，防水，纹理清晰流畅
云丝漆系列		通过专用喷枪和特别技法，使墙面产生点状、丝状和纹理图案的仿金属水性涂料。质感华丽，丝缎效果，金属光泽，让单调的墙体布满了立体感和流动感，不开裂、不起泡。既适合与其他墙体装饰材料配合使用和作为个性形象墙的局部点缀，还具有自身产品种类之间相互配合应用的特性
风洞石系列		汲取天然洞石的精髓，浑然天成，纹理神似天然石材，流动韵律感极强，实现每一块砖上洞的大小、形状均不一样，层次清晰且富有韵味。堪与真正的石材媲美，而且没有石材的冰冷感与放射性，整体感特别强

● **艺术涂料性价比高，用途广泛。**石材用于家居装饰，能够营造出高贵、大气的效果。但是天然石材的价格不菲，根据石材种类的不同，需 400~800 元 / m^2，这并不是一般家庭可以接受的。而经过特殊工艺处理的艺术涂料，能够完美模仿出石材的效果，而且价格比石材要便宜很多，造价只需 120~220 元 / m^2。并且可以不局限于用在背景墙，而是整个空间的墙面都可以使用。

> 肌理漆系列的艺术涂料给客厅带来浑厚、广阔的视觉享受

> 卫浴间采用砂岩漆装饰墙面，令空间具有浓郁的自然气息

（5）液体壁纸

液体壁纸是一种新型艺术涂料，也称壁纸漆和墙艺涂料，是集壁纸和乳胶漆特点于一身的环保水性涂料。通过各类特殊工具和技法配合不同的上色工艺，使墙面产生各种质感纹理和明暗过渡的艺术效果，把墙身涂料从人工合成的平滑型时代带进天然环保型凹凸涂料的全新时代，满足了业主多样化的装饰需求。另外液体壁纸黏合剂选用无毒、无害的有机胶体，是真正天然、环保的产品。液体壁纸是水性涂料，具有良好的防潮、抗菌性能，且有不易生虫、不易老化等众多优点。但液体壁纸的施工难度比较大，不仅对墙面的要求比较高，施工周期也比较长。

类别		特点
浮雕		材料本身具有浮雕特性，在墙面施工呈现自然的浮雕效果，无须其他辅助措施，是已知的具备立体效果的液体壁纸中，施工速度最快且完整的产品
立体印花		立体印花液体壁纸是一种具有高亮立体效果的纳米光催化剂涂料，其高度闪光的特性使产品鲜艳夺目、倍添光泽，具有特殊的美观效果
肌理		可逼真展现传统墙面装饰材料的布格、皮革、纤维、陶瓷砖面、木质表面、金属表面等肌理效果
植绒		漆膜采用具有绵柔手感的纳米光催化剂涂料。无毒、无污染，附着力强、不变色，阻燃、不助燃。触感光滑、柔和，可与高档壁布相媲美

（6）金属漆

金属漆，又叫金属闪光漆，在它的漆基中加有微细的金属粉末（如铝粉、铜粉等），光线射到金属粉末上后，又透过气膜被反射出来。因此，看上去好像金属在闪闪发光一样。这种金属漆，给人们一种愉悦、轻快、新颖的感觉，改变金属粉末的形状和大小，就可以控制金属漆膜的闪光度；在金属漆的外面，通常还加有一层清漆予以保护。金属漆不仅可以广泛应用于经过处理的金属、木材等基材表面，还可以用于室内外墙饰面、浮雕梁柱异型饰面的装饰。并可随个人喜好调制成不同颜色，在法式风格、欧式风格的家居中得到广泛使用。

金属漆一般有水性和溶剂型两种。水性金属漆虽然环保性较好，但金属粉末在水和空气中不稳定，常发生化学反应而变质，因此其表面需要进行特殊处理，致使用于水性漆中的金属粉价格昂贵，使用受到限制。目前的金属漆主要以溶剂型为主，根据漆基树脂的不同，溶剂型金属漆包括丙烯酸金属漆、氟碳金属漆等。

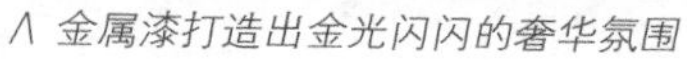
∧ 金属漆打造出金光闪闪的奢华氛围

丙烯酸金属漆

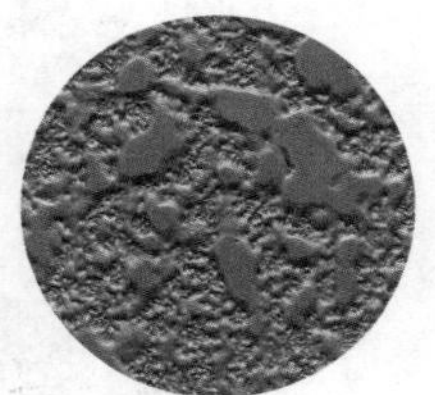
水性金属漆

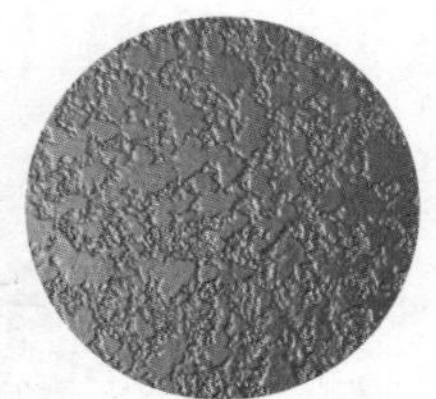
氟碳金属漆

（7）墙面彩绘

墙面彩绘就是在房屋墙壁上进行的彩色涂鸦和创作，具有任意性和观赏性，充分体现了作者的创意。墙面彩绘可根据室内的空间结构就势设计，掩饰房屋结构的不足，美化空间，同时让墙面彩绘和屋内的家居设计融为一体。但墙面彩绘只能是室内装饰的一种点缀，如果频繁使用会让空间感觉凌乱，无重点。所以最好在一面墙使用即可。

类别	特点
植物藤蔓类	手绘墙藤蔓可以说是室内手绘中较为常见的，因为它有着比较强的装饰作用，同样也因为造型多变，适合的装修风格比较多，所以受到人们的喜爱
卡通动漫类	这种风格很受年轻人的喜爱，以一种朴素而略带情感的绘画表现浪漫情调，常见的是以卡通图案来展现可爱风格的
油画写实类	这种风格拥有丰富的技术表现手法，家庭装饰中主要以写实为主，强调一种大气的视觉感觉
中式山水花鸟类	这种风格充满中国风情，传达浓郁的中式味道，富含文化的底蕴。中式山水花鸟工笔或国画绘制于墙上，一种大气典雅的感觉迎面扑来

● **墙面彩绘的三大方式。**一种是选择一面主要的墙大面积绘制，这种手绘墙画是作为家里的主要装饰物面孔出现的，往往会给访客带来非常大的视觉冲击力。另外一种是针对一些比较特殊的空间进行针对性绘制，比如在楼梯间画棵大树等。还有一种属于“点睛”的类型，在一些拐角、角落等不适合摆放家具或者装饰品的位置创造彩绘，令空间层次更加丰富。

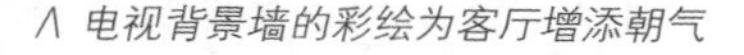
∧ 电视背景墙的彩绘为客厅增添朝气

∧ 儿童房墙面的卡通彩绘增添了趣味性

2 墙面漆及涂料的选购

（1）乳胶漆的选购

※ **看外包装和环保检测报告。**一般乳胶漆的正面都会标注名称、商标、净含量、成分、使用方法和注意事项。注意生产日期和保质期。检测报告对 VOC、游离甲醛以及重金属含量的检测结果都有标准。国家标准 VOC 每升不能超过 200g；游离甲醛每千克不能超过 0.1g。

※ **掂分量。**一般质量合格的乳胶漆，一桶 5L 的大约为 7kg；一桶 18L 的大约为 25kg。还有一种简单的方法，将油漆桶提起来，正规品牌乳胶漆晃动一般听不到声音，很容易晃动出声音则证明乳胶漆黏度不足。

※ **开罐检测。**优质的乳胶漆比较黏稠，是呈乳白色的液体，无硬块，搅拌后呈均匀状态，没有异味，否则说明乳胶漆有质量问题。还可以在手指上均匀涂开，在几分钟之内干燥结膜，结膜有一定延展性的都是“放心涂料”。

※ **耐擦洗。**可将少许涂料刷到水泥墙上，涂层干后用湿抹布擦洗，高品质的乳胶漆耐擦洗性很强，而低档的乳胶漆只擦几下就会出现掉粉、露底的褪色现象。

(2) 硅藻泥的选购

※ **看检测报告。**在选择硅藻泥时，需要查看产品的检测报告，对照硅藻泥行业标准要求，查看是否合格。对于不同品牌和包装的产品，必须综合考虑质量、价格、服务、企业声誉等。

※ **从外观色泽来分辨优劣。**标准的硅藻泥颜色会比较柔和且分布均匀，呈现无光泽的颜色。如果显示出光亮的表面，颜色太艳丽，说明是劣质的硅藻泥，里面添加了化学颜料。

※ **看环保性。**可以用火烧，如果硅藻泥是劣质的，会出现变黑，或者出现黑烟，或者闻到"焦味"，说明添加了有机凝胶材料，建议不要购买。

※ **用湿布擦拭表面。**质量好的硅藻泥，表面可以用湿布擦拭。而质量不好的硅藻泥，擦拭时，表面会出现粉末或掉色。

(3) 马来漆的选购

※ **选择品牌。**在选购马来漆时，需要注重墙面漆的质量问题，选择比较有信誉的大品牌。

※ **看外包装和环保检测报告。**可以查看马来漆的检测报告，看环保指标是否符合标准。

（4）艺术涂料（液体壁纸）的选购

※ **看沉淀物。**取一个透明的玻璃杯，盛入半杯清水，然后取少许涂料，放入玻璃杯中与水一起搅动。凡质量好的涂料，杯中的水仍清晰见底，粒子在清水中相对独立，不会混合在一起，粒子的大小很均匀；而质量差的多彩涂料，杯中的水会立即变得浑浊不清，且颗粒大小呈现分化，少部分的大粒子犹如面疙瘩，大部分则是绒毛状的细小粒子。

※ **看销售价。**质量好的涂料，均由正规生产厂家按配方生产，价格适中；而质量差的涂料，有的在生产中偷工减料，有的甚至是个人仿冒生产，成本低，销售价格比质量好的涂料便宜得多。

※ **看水溶。**涂料在经过一段时间的储存后，其中的花纹粒子会下沉，上面会有一层保护胶水溶液。凡质量好的涂料，保护胶水溶液都呈无色或微黄色，且较清晰；而质量差的涂料，保护胶水溶液呈浑浊态，明显呈现出与花纹彩粒同样的颜色。

※ **看漂浮物。**凡质量好的涂料，在保护胶水溶液的表面，通常是没有漂浮物的（有极少的彩粒漂浮物，属于正常）；若漂浮物数量多，彩粒布满保护胶水溶液的表面，甚至有一定厚度，则不正常，表明这种涂料的质量差。

（5）金属漆的选购

※ **看外表**。观察金属漆的涂膜是否丰满光滑，以及是否由无数小的颗粒状或片状金属拼凑起来。

※ **看认证**。购买时需向商家确认产品是否已获得 ISO 9002 质量体系认证证书和中国环境标志产品认证证书。

（6）墙面彩绘的选购

墙面彩绘来源于壁画艺术，是独具一格的家居装修手法。一般墙面彩绘都是由专业的画师绘制，也有很多彩绘公司或工作室可以接受客户的委托创作墙面彩绘。

通常来说，画师从事墙绘的时间越长，经验和画功越好，价格也会高一些。考察彩绘公司或工作室时，则要多看，去实地考察，至少也要看到实景照片，这样才会看到其真实的设计和施工水平。市面上还有一种墙体彩绘机，可以像喷绘一样制作墙面彩绘。墙体彩绘机的优点是画面细腻，输入分辨率足够的图片即可在墙面上自动喷绘。其缺点是机器笨重，对墙面和环境的要求高，喷头易损坏，不能喷到墙最边处和最角落地方。

3 墙面漆腻子的作用与类别

腻子是平整墙体表面的一种装饰型材料，是一种厚浆状涂料，通常在涂料粉刷前涂刷。腻子涂施于底漆上或直接涂施于物体上，用以清除被涂物表面上高低不平的缺陷。通常是在底漆层干透后，施涂于底漆层表面。要求附着性好、烘烤过程中不产生裂纹。

装修腻子按形态分为粉状和膏状；按性能分为耐水腻子、柔性腻子和普通腻子；按基料分为水泥型、石膏型和石粉型。常用的装修腻子包括：普通腻子、室内粉状耐水腻子、室内膏状耐水腻子、粉刷石膏系列产品等。

4 墙面漆腻子的选购

※ **看包装**。粗制滥造的小企业一般都没什么达标意识，找遍他们产品的包装也不会找到《建筑室内用腻子》（JG/T 298–2010）字样的，只看这一点，一大批伪劣产品就可以被排除了。

※ **摸样板**。样板可以让消费者更直观地看到产品效果。用手擦一擦，用钥匙划一划，产品是什么档次也就能感觉出来了。

※ **要报告**。产品的检验报告是最能说明产品质量的了，目前腻子产品还没有免检的，如果商家拿不出检验报告，那产品多半是不达标的。拿到检验报告后，要注意看相关指标是否符合要求，并注意报告发放的日期，超过 1 年失效。

5 墙漆涂刷的规范操作

墙面工程的基层处理非常重要，基层找平得好，可以使面层的效果光滑、平整；装饰效果更佳，如果基层处理得不好，将严重影响整体效果，后期还可能会出现开裂、变色等情况。涂刷墙漆的每一步骤都有规范的要求，按照要求施工才能保证工程质量，具体操作规范可参考下表。

项目名称	内容
铲墙皮	“铲墙皮”是指铲除墙面原有的装饰层，如果开发商涂刷了乳胶漆，建议铲除掉，不了解使用的材料好坏，施工步骤也没有监理，很容易出现问题，石膏层建议保留，否则容易起皮、开裂
墙面处理	如果墙面有缝隙，应贴上纸带，否则容易开裂，而后在墙面上用石膏粘贴网格布，在隔墙和顶面石膏板的缝隙、墙壁转角处用胶粘贴拉法基纸带
刮石膏	刮石膏的主要目的是找平墙面，特别是毛坯房，墙面基本存在高低不平的情况，如果是石膏板隔墙，这一步可以找平补缝的地方与其他部分板面的高差
刮腻子	石膏找平后完全干透即可刮腻子，这一步的作用是找平、遮盖底层，通常会刮 2~3 遍，每一遍都不能太厚，要等待上一遍完全干透后再继续下一次
	第一遍腻子需要厚一些，晾干的时间可能比较慢，但一定要耐心等待，完成后要达到白和平整的效果
压光	最后一道腻子在七成干的时候要进行压光，目的是让腻子更结实、更细腻，压光处理后腻子能够耐得起洗刷
打磨	腻子完成后，需要用砂纸打磨，如果是大白可以随时刮，如果使用的是耐水腻子则需要在九成干的时候进行打磨
做保护	墙漆是最后的处理步骤，其他工序基本已完成，为了避免弄脏其他界面，需要将制作的家具、铺完的地面用旧报纸保护起来
刷漆	涂刷底漆和面漆，通常为底漆 1~2 遍，面漆 2~3 遍，如果品牌有特殊要求请遵照说明，底漆刷完后需要打磨，且每一遍漆都应等待干透后再进行下一遍

6 墙漆涂刷应注意的问题

（1）保温墙裂缝要处理

家中的墙体可以分为三种：承重墙、隔墙和保温墙。其中保温墙起着保温的作用，可以是单独的墙体，也可以附着在其他墙体上，非常容易出现裂纹。一旦墙体出现裂纹，在漆类施工前，工人应做贴布处理。处理裂纹时用涤纶布或者牛皮纸，利用纤维的张力保证面层漆膜的完整。也可以将保温墙整体贴一层石膏板，石膏接缝处填充石膏粉处理后，再粘贴涤纶布或者牛皮纸，可以有效地防止后期漆膜开裂。注意一定不能将墙体的保温层去除。

（2）墙漆分底漆和面漆

很多人都知道木器漆分底漆和面漆，而不知道乳胶漆也分为底漆和面漆，导致很多油漆工人都会有意漏刷底漆，直接涂刷面漆。刷底漆可以使基层的腻子变得更坚硬，进一步防止漆膜开裂，刷底漆后面漆可以节省约 20% 的用量。乳胶漆涂刷方式有以下三种。

涂刷

此种施工方式使用的时间比较长，是最早的刷漆方式。它上漆的厚度薄，覆盖性更好，但是会有明显的刷子或者滚筒的痕迹。如果墙面选择的是深色的乳胶漆，建议选择这种方式

有气喷漆

有气喷漆是指喷枪借助压缩的空气将漆喷出，设备简单、容易操作、施工速度快，但不适合用于乳胶漆的施工，缺点是材料消耗快、漆膜薄、污染大

无气喷漆

无气喷漆工费高，漆膜是有气喷漆的 3 倍厚，能够一次就达到工艺标准，漆面更光滑、细腻，主要用于乳胶漆施工。缺点是会加大漆的用量，且修补较麻烦

思考与巩固

1. 艺术涂料有哪些类别？可以运用到什么位置？
2. 墙面腻子的作用是什么？常用的装修腻子有哪些？

二、木器漆

学习目标	本小节重点讲解木器漆的种类、适用范围及选购要点。
学习重点	了解家装常用的木器漆种类以及各自的性能、适用范围。熟悉不同木器漆的工艺类型。

1 木器漆的主要种类及特点

木器漆可使木质材质表面更加光滑，避免木质材质直接被硬物刮伤或产生划痕；有效地防止水分渗入木材内部造成腐烂；有效防止阳光直晒木质家具造成干裂。经过多年的发展，目前常用的木器漆可分为硝基漆、聚酯漆、聚氨酯漆、UV 木器漆、水性木器漆、天然木器漆等。

（1）硝基漆

硝基漆是一种由硝化棉、醇酸树脂、增塑剂及有机溶剂调制而成的透明漆，属于挥发性涂料，主要有亮光、半亚光和亚光三种。硝基漆是一种广泛用于木器家具的油漆。由于硝基木器漆干燥快、光泽柔和、手感好、施工方便、价格低廉，特别是干燥后的涂膜中不含有毒物质，餐桌椅、儿童玩具、工艺品的涂饰漆至今仍大多采用硝基漆。缺点是高温天气易泛白，耐温、耐老化性能比较差，硬度低，较易磨损。此外漆膜丰满度低，所以在施工中需要涂刷很多遍才行。

（2）聚酯漆

聚酯漆是用聚酯树脂为主要成膜物制成的一种厚质漆，是装修用漆的主要品种之一。聚酯漆有聚酯清漆、有色漆、磁漆等各种品种，聚酯漆通常是论“组”卖的，一组包括三个独立的包装罐：主漆、固化剂、稀释剂。聚酯漆的漆膜丰满，层厚面硬，综合性能较好，对多种物面（金属、木材、橡胶、混凝土、某些塑料等）均有优良的附着力。

聚酯漆施工过程中需要进行固化，其主要固化成分是 TDI（甲苯二异氰酸酯）。这些处于游离状态的 TDI 会变黄，不但使家具漆面变黄，同样也会使邻近的墙面变黄，这是聚酯漆的一大缺点。目前市面上已经出现了耐黄变的聚酯漆，但也只能做到耐黄而已，还不能做到完全防止变黄的情况。另外，超出标准的游离 TDI 还会对人体造成伤害。国际上对于游离 TDI 的限制标准是控制在 0.5% 以下。

（3）聚氨酯漆

聚氨酯漆漆膜强韧，光泽丰满，附着力强，耐水、耐磨、耐腐蚀，被广泛用于高级木器家具，也可用于金属表面。其缺点主要有遇潮起泡、漆膜粉化等问题，与聚酯漆一样，它同样存在着变黄的问题。

(4) UV 木器漆

UV 木器漆即紫外光固化木器漆。它采用 UV 光固化，是 21 世纪新潮流的涂料。产品固化速度快，一般 3~5s 即可固化干燥。UV 漆有别于普通家具企业常用的聚酯漆、聚氨酯漆及硝基漆，是真正绿色环保的油漆，不含任何挥发物质，使用 UV 油漆生产的产品绿色、健康、环保。且 UV 漆膜是立体状结构，硬度大，耐磨性好，透明度好，产品耐刮碰、耐摩擦，经得起时间的考验。

(5) 水性木器漆

水性涂料是以水作为稀释剂的涂料。水性漆包括水溶性漆、水稀释性漆、水分散性漆（乳胶涂料）3 种。水性木器漆的生产过程是一个简单的物理混合过程。水性木器漆以水为溶剂，无任何有害挥发物，是目前最安全、最环保的家具漆涂料。此外水性木器漆还具有不燃烧、漆膜晶莹透亮、柔韧性好并且耐水、耐黄变的优点。缺点是表面丰满度差、耐磨及耐化学品性较差，施工环境要求温度不能低于 5℃或相对湿度低于 85%，全封闭工艺的造价会高于硝基漆、聚酯漆产品。

(6) 天然木器漆

天然木器漆俗称大漆，又有“国漆”之称。从漆树上采割下来的汁液称为毛生漆或原桶漆，用白布滤去杂质称为生漆。天然木器漆不仅附着力强、硬度大、光泽度高，而且具有突出的耐久、耐磨、耐水、耐油、耐溶剂、耐高温、耐土壤与耐化学药品腐蚀及绝缘等优异性能。天然漆膜的色彩与光泽具有独特的装饰性能，是古代建筑、古典家具（尤其是红木家具）、木雕工艺品等制品的理想涂饰材料，不仅能增加制品的审美价值，而且能使制品经久耐用，提高其使用价值。

∧ 涂刷大漆的家具

2 木器漆的工艺

（1）清油

清油工艺是指在木质纹路比较好的木材表面涂刷清漆，操作完成以后，仍可以清晰地看到木质纹路，有一种自然感。清油体现木质本色，常用清油的木材质主要有红榉、白榉、柚木、胡桃木、樱桃木等。清油工艺又可以分为不上底色的清油工艺以及上底色的清油工艺。

● **不上底色的清油工艺。**就是油漆工人在对木材表面完成处理以后，直接在木材表面涂刷清漆，这样的结果是基本上能够反映出木材表面的纹路以及原来的色彩，真实感比较强；但是，这样做的工艺处理解决不了木材表面的色差变化，以及木材表面的结疤等木材本身的缺陷。

∧ 保留原色的清油工艺

∧ 不上底色的清油家具

● **上底色的清油工艺。**是指施工队的油漆工人在施工之前，首先做好油漆样板，让客户根据自己的喜好来挑选颜色；或者客户自己对某些木材的颜色情有独钟，也可以要求油漆工人为自己制作油漆样板；油漆工人在木材表面上做底色（油色或者水色），在底色做完并且干透以后，再根据事先约定好的涂刷油漆的遍数要求，在木材表面涂刷油漆，直至完成整个工艺。

∧ 木器漆在家具上的使用效果

（2）混油

混油工艺通常是在胶合板、密度板或大芯板等木材表面进行必要的处理（例如修补钉眼、打砂纸、刮腻子）之后，再喷涂有颜色的不透明的油漆的工艺。这种方法能给木器涂上更多的色彩，为装修个性化提供更多选择。混油油漆覆盖了木质的本色，主要体现的是油漆本身的颜色，混油因其现代感强、简洁明快的特点越来越被大众所接受。

混油的常规做法一般是油漆刷 2~3 遍，最后喷 2~3 遍面漆，较好的工艺做法有磨退或擦漆等，这种做法花费人工较多，但做完成品从手感和光感上更好一些。做混油的木制品材料多用松木或椴木等，门套线有的还采用中密度板，主要是考虑到其变形率小一些，木制品的内部隔板也需用松木或椴木实木收口，有些人以为木材越贵越好，甚至用樱桃木等清油实木做混油，效果并不见得好，因为油漆和清油实木木材结合不好，容易出质量问题。

∧ 白色混油家具

3 木器漆的选购

※ **根据用途选择木器漆材质。**不同材质的木器漆有不同的特点，而不同家具用途不同，所适合的木器漆也不一样。硝基漆涂层薄，能够很好地体现出木材表面的纹理，涂刷后木材表面手感比较滑爽，不会看出油漆痕迹，所以主要用于各种木制工艺品；水性木器漆的价格一般较高，但环保度好。

※ **看外包装标签标识。**挑选木器漆时，要注意看产品外包装的标签标识，优质木器漆应详细罗列出产品信息，其中包括简介、主要成分、表面预处理以及施工方法、中国环境标志等，更可以要求商家出示产品的各项资质证书。

※ **看木器漆涂刷样品。**正规涂料商家都会提供木器漆的涂刷样品供消费者对比参考，可多对比几个不同型号木器漆的样品，尽量选择样品漆膜细腻平滑、平整无瑕疵的木器漆。

※ **看涂刷样品物理性质。**对木器漆来说，耐冲击性和耐变黄性是其中两项重要的物理性能，可以用小锤重重地砸在涂刷样板上，看样板漆膜表面是否出现裂纹或严重变形等问题，如有上述情况，千万不能选择。

※ **用手晃动木器漆。**提起木器漆，然后前后晃动，看其是否出现响声。好的木器漆因为浓稠度与黏度足够大，达到优质乳胶漆应有的标准，所以并无明显的声响产生；而差的木器漆刚好相反，晃动时会发出稀里哗啦声，说明包装不足，黏度较低。

材料实战解析

购买木器漆时需要向商家索取同产品在一年内的抽样检测报告。检测报告的内容根据不同的木器漆要求不同，具体如下：聚氨酯漆应用性能符合《溶剂型聚氨酯涂料》（HG/T 2454—2014）的技术要求；环保性能符合《木器涂料中有害物质限量》（GB 18581—2020）的技术要求；水性木器漆符合《室内用水性木器涂料》（HG/T 3828—2006）的技术要求。

4 家具涂刷的规范操作

油漆工程是最后的“面子工程”，对施工人员的要求较高，只有规范施工才能够获得美观的效果。家具刷漆分为清漆和混油两种方式，清漆完成后显露面板原有色彩、纹理，而混油则多为白色。两者步骤相差不大，具体规范可参考下表。

项目名称	内容
打腻子	将打理好的平整木板用准备好的腻子进行批刮、磨光、复补腻子后再磨光即可。木器漆最好使用油性腻子，若没有可用透明腻子；如果是混油漆，每次打腻子之前最好涂一遍干性漆，以保证效果
打磨	用粗砂纸把需要刷油漆的地方都打磨一遍，不要打磨得太用力，应保持家具原来的形状
	干净的布蘸水成半湿，将表面的粉末擦干净，之后拿细砂纸再重新打磨一遍，清洁粉末，这一步骤非常重要，这样操作涂刷的漆才更结实
刷底漆	开始刷第一遍底漆，要求沿着木头的纹理均匀、平滑地涂刷，之后阴干至油漆干透，用细砂纸把家具从头到尾再打磨一遍，这一次打磨是为了把油漆上刷得不均匀的地方打磨平，利于后面继续刷漆。然后刷底漆 2~3 遍，每一遍之后都要完全晾干，再用砂纸打磨
刷面漆	底漆处理完成后开始刷面漆，刷第一遍面漆，干透后用水砂打磨，再刷第二遍面漆，干透后，用细砂纸打磨，清漆打蜡，完工。如果可以，面漆最好用喷涂的方式处理

思考与巩固

1. 水性木器漆有什么优缺点？
2. 什么样的木材表面适合用清油？

第八章

墙面加工材料

除了墙面涂料以及饰面板外，还有一些装饰墙面的材料，包括壁纸、壁布、软包、硬包、玻璃等，掌握它们的特点能让家居更有个性。

一、壁纸、壁布

学习目标	本小节重点讲解壁纸、壁布的种类、特点以及选购施工要点。
学习重点	了解家装常用的壁纸优缺点以及适用的空间，熟悉壁纸施工应注意的问题。

1 壁纸、壁布的主要种类及特点

壁纸、壁布的外观并没有严格的区分，只是壁纸的基底是纸基，而壁布的基底是布基，两者的表面印花、压花、涂层可以完全做成一样的，所以在装饰效果上也是一样的。也可以理解为壁布是壁纸的升级产品，由于使用的是丝、毛、麻等纤维原料，价格和档次比壁纸要高出不少。

（1）PVC 壁纸

PVC 是高分子聚合物，用这种材料做成的壁纸就是 PVC 壁纸。PVC 壁纸有一定的防水性，施工方便。表面污染后，可用干净的海绵或毛巾擦拭。按其防水性能可分为 PVC 涂层壁纸和 PVC 胶面壁纸。

种类		制作工艺	特点	适用范围
PVC 涂层壁纸		以纯纸、无纺布、纺布等为基材，在基材表面喷涂 PVC 糊状树脂，再经印花、压花等工序加工而成	经过发泡处理后可以产生很强的三维立体感，并可制作成各种逼真的纹理效果，如仿木纹、仿锦缎、仿瓷砖等，有较强的质感和较好的透气性	能够较好地抵御油脂和湿气的侵蚀，可用在厨房和卫浴间
PVC 胶面壁纸		在纯纸底层或无纺布、纺布底层上覆盖一层聚氯乙烯膜，经复合、压花、印花等工序制成	印花精致、压纹质感佳、防水防潮性好、经久耐用、容易维护保养	目前用途非常广的壁纸，可广泛应用于所有的家居空间

（2）纯纸壁纸

纯纸壁纸主要由草、树皮及新型天然加强木浆（含 10%的木纤维丝）加工而成，其突出的特点是环保性能好，不易翘边、无气泡、无异味、透气性强、不易发霉。纯纸壁纸由印花工艺制成，所以图画逼真，色调清晰。缺点是施工时技术难度高，耐水、耐擦洗性能差，不适用于厨房、卫浴间等潮湿空间。另外，纯纸壁纸环保性强，所以特别适合对环保要求较高的儿童房和老人房使用。

（3）织物类壁纸

商场上常称为壁布，是较高级的品种，基层可以是纸，也可以是布，纸基为壁纸，布基为壁布，其表面选用纤、布、麻、棉、丝等或薄毡等织物为原材料，视觉上和手感上柔和舒适，具有优雅感，有些绢、丝、织物因其纤维的反光效果而显得十分秀美，但此类壁布最大的缺陷是易挂灰且不便清洗维护，价格高。

（4）无纺布壁纸

无纺布壁纸以棉麻等天然植物纤维或涤纶、腈纶等合成纤维，经过无纺成型的一种壁纸（一次性口罩和小孩纸尿裤上的表层都用这种工艺），完全燃烧时只产生二氧化碳和水，而含化学元素的材料燃烧时会产生浓烈黑烟和刺激气味。无纺布壁纸本身富有弹性，不易老化和折断，透气性和防潮性较好，擦洗后不易褪色。缺点是花色相对 PVC 来说较单一，而且色调较浅，以纯色或是浅色系居多。另外就是相对于 PVC 壁纸和纯纸壁纸来说，价格也高一些。

（5）天然材质壁纸

这类壁纸由麻、草、木材、树叶等植物纤维制成，是一种高档装饰材料，由于制造时经过复合加工，因此具有阻燃、吸声、透气的特点，质感强，效果自然和谐、天然美观，风格古朴自然，素雅大方，生活气息浓厚，给人以返璞归真的感受，适合想在家居中打造出自然气息的风格时使用。

（6）金属壁纸

金属壁纸是将金、银、铜、锡、铝等金属，经特殊处理后制成薄片，贴饰于壁纸表面，这种壁纸构成的线条颇为粗犷奔放，整片用于墙面可能会流于俗气，但适当地加以点缀则能不露痕迹地表现出一种炫目和前卫效果。金属壁纸以金色、银色为主，能创造出繁复典雅、高贵华丽的感觉，歌厅、酒店、夜总会等公共场所也经常使用。

（7）植绒壁纸

这类壁纸使用静电植绒法，将合成纤维的短绒植于纸基之上而成。绒面壁纸给人丝绒的手感和质感，不反光、不褪色、图案立体、凹凸感强，而且有一定的吸声效果，是高档装修空间很好的选择，多用于电视墙、沙发背景墙、餐厅装饰墙的装饰，但价格较贵。此外由于表面是绒面的，比较容易粘灰尘，特别是用于电视墙时，由于电视机会产生静电，更容易吸灰尘，因此需要经常清理。

材料实战解析

目前市场上的植绒壁纸主要都是发泡材质，虽然和真正的植绒壁纸在质感上非常相似，但是其在工艺上却有着本质的差别。真正的植绒壁纸是用静电植绒法将合成纤维短绒黏结在纸基上而成。而现在很多在市场上销售的所谓“植绒”壁纸，只是在PVC壁纸或者无纺布壁纸中加入发泡剂，而在壁纸表面经发泡后形成的绒面。这样的壁纸虽然表面看上有植绒壁纸的特质，但是无论在环保性还是质量上来说都和真正的植绒壁纸相差很远。

2 壁纸、壁布的选购

※ **外观**。一般色彩均匀，没有色差的图案属于上品；漏白或者颜色不均匀而且模糊的则为次品。同时还要注意表面不要有抽丝、跳丝的现象，展开看其厚薄是否一致，应选择厚薄一致且光洁度好的壁纸、壁布。

※ **耐磨性**。耐磨程度的强弱能直接反映出壁纸、壁布的好坏。优质的壁纸、壁布可以进行简单擦洗，而且擦洗后对整体毫无影响，而一些劣质壁纸，稍稍擦洗一下就会破损或是出现水渍。

※ **环保指数**。在选择壁纸、壁布的时候可以先看其有无异味，最好可以当场焚烧一小段，环保指数高的壁纸燃烧充分并且没有刺鼻的味道和浓烟。

※ **防水性**。如果壁纸、壁布的防水性不好，不但本身会受到影响，甚者会使墙体发霉。因此在选择时需在所选壁纸上滴一滴水，等待2~3分钟，如果水没有浸透，则说明此款壁纸防水性能好，是上品；反之为次品。

3 壁纸、壁布的基层处理要求

壁纸、壁布对不同材质的基层处理要求是不同的，如混凝土和水泥砂浆抹灰基层，纸面石膏板、水泥面板、硅钙板基层等，不同基层的处理技巧及建议都不相同。

（1）混凝土和水泥砂浆抹灰基层

● 混凝土和水泥砂浆抹灰基层与墙体及各抹灰层间必须黏结牢固，抹灰层应无脱层、空鼓，面层应无爆灰和裂缝。

● 立面垂直度及阴阳角应方正，允许偏差不得超过 3 mm。

● 基体一定要干燥，使水分尽量挥发，含水率最大不能超过 8%。

● 新房的混凝土和水泥砂浆抹灰基层在刮腻子前应涂刷抗碱封闭底漆。

● 旧房的混凝土和水泥砂浆抹灰基层在贴壁纸前应清除疏松的旧装修层，并涂刷界面剂。

● 满刮腻子、砂纸打光，基层腻子应平整光滑、坚实牢固，不得有粉化起皮、裂缝和凸出物，线角顺直。

（2）纸面石膏板、水泥面板、硅钙板基层

● 面板安装牢固，无脱层、翘曲、折裂、缺棱、掉角。

● 立面垂直度及表面平整度允许偏差为 2mm，接缝高低差允许偏差为 1mm，阴阳角方正，允许偏差不得超过 3mm。

● 在轻钢龙骨上固定面板时应用自攻螺钉，钉头埋入板内但不得损坏纸面，钉眼要做防锈处理。

● 在潮湿处应做防潮处理。

● 满刮腻子、砂纸打光，基层腻子应平整光滑、坚实牢固，不得有粉化起皮、裂缝和凸出物，线角顺直。

（3）木质基层

● 基层要干燥，木质基层含水率最大不得超过 12%。

● 木质面板在安装前应进行防火处理。

● 木质基层上的节疤、松脂部位应用虫胶漆封闭，钉眼处应用油性腻子嵌补。在刮腻子前应涂刷抗碱封闭底漆。

● 满刮腻子、砂纸打光，基层腻子应平整光滑、坚实牢固，不得有粉化起皮、裂缝和凸出物，线脚顺直。

4 壁纸的施工注意事项

● 进行基层处理时，必须清理干净、平整、光滑，防潮涂料应涂刷均匀，不宜太厚。墙面基层含水率应小于 8%。墙面平整度达到用 2m 靠尺检查，高低差不超过 2mm。

● 混凝土和抹灰基层的墙面应清扫干净，将表面裂缝、坑洼不平处用腻子找平，再满刮腻子，打磨平。

● 根据需要决定刮腻子遍数。木基层应刨平，无毛刺、戗槎，无外露钉头。接缝、钉眼用腻子补平。满刮腻子，打磨平整。

● 石膏板基层的板材接缝用嵌缝腻子处理，并用接缝带贴牢，表面再刮腻子。

● 涂刷底胶时一般使用植物性壁纸胶，底胶一遍成活，但不能有遗漏。为防止壁纸、壁布受潮脱落，可涂刷一层防潮涂料。

∧ 壁纸施工完成后应平整、顺滑，接缝不明显

思考与巩固

1. 纯纸壁纸有什么优缺点？适用于什么空间？
2. 壁纸、壁布施工应注意哪些问题？

二、装饰玻璃

学习目标	本小节重点讲解装饰玻璃的种类、特点以及不同玻璃的适用范围。
学习重点	了解家装常用装饰玻璃的适用空间、风格。

1 玻璃的主要种类及特点

玻璃是一种非常现代的材料，它种类繁多，不仅有平时使用很多的水银镜片、彩色镜片等，还有一些融合了艺术感的艺术玻璃，不仅是装饰材料，同时也是艺术品，能够为家居空间带来时尚而高雅的韵味。

（1）烤漆玻璃

烤漆玻璃作为具有时尚感的一款材料，非常适合表现简约风格和现代风格，而根据需求定制图案后也可用于混搭风和古典风。烤漆玻璃根据制作方法的不同，一般分为油漆喷涂玻璃和彩色釉面玻璃。油漆喷涂玻璃，刚用时色彩艳丽，多为单色或者用多层饱和色进行局部套色，常用在室内。在室外使用时，经风吹、雨淋、日晒之后，一般都会起皮脱漆。彩色釉面玻璃可以避免以上问题，但低温彩色釉面玻璃会因为附着力问题出现划伤、掉色现象。烤漆玻璃的使用广泛，可用于制作玻璃台面、玻璃形象墙、玻璃背景墙、衣柜柜门等。

材料实战解析

如果厨房的自然光线不是很理想，整体橱柜的门板可以选用具有反光效果的烤漆玻璃，从而起到美化家居、扩大空间感的作用。

（2）镜面玻璃

镜面玻璃又称磨光玻璃，是用平板玻璃经过抛光后制成的玻璃，分单面磨光和双面磨光两种，表面平整光滑且有光泽，厚度为 4~6mm。不同颜色的镜片能够体现出不同的韵味，营造或温馨、或时尚、或个性的氛围。镜面玻璃常用于家居空间中的客厅、餐厅、玄关等公共空间的局部装饰。

种类		特点
黑镜		非常具有个性，色泽神秘、冷硬，不建议大面积使用，适合用于现代、简约风格的室内空间中
灰镜		特别适合搭配金属使用，不同于黑镜，即使大面积使用也不会过于沉闷，适合用于现代、简约风格的室内空间中
茶镜		给人温暖的感觉，适合搭配木纹饰面板使用，可用于各种风格的室内空间中
彩镜		色彩较多，包括红镜、紫镜、酒红镜、蓝镜、金镜等，反射效果弱，可做局部点缀使用，不同色彩适合不同风格

∧ 黑镜背景墙给客厅带来个性的酷感

（3）钢化玻璃

钢化玻璃其实是一种预应力玻璃，为提高玻璃的强度，通常使用化学或物理的方法，在玻璃表面形成压应力，玻璃承受外力时首先抵消表层应力，从而提高了承载能力，增强玻璃自身抗风压性、耐温性、耐冲击性等。钢化玻璃破碎后呈网状裂纹，各个碎块不会产生尖角，不会伤人，其弯曲强度和冲击强度是普通平板玻璃的 3~5 倍。多用于家居中需要大面积使用玻璃的场所，如玻璃墙、玻璃门、阳台栏杆处等。

∧ 采用钢化玻璃的卫生间门

（4）艺术玻璃

艺术玻璃是以彩色玻璃为载体，加上一些工艺美术手法，使玻璃更具表现力。艺术玻璃的款式多样，具有其他材料没有的多变性，可以用于家居空间中的客厅、餐厅、卧室、书房等空间。从运用部位来讲，可用于屏风、门扇、窗扇、隔墙、隔断或者墙面的局部装饰。

种类		特点
LED玻璃		一种LED光源与玻璃完美结合的产品，有红、蓝、黄、绿、白5种颜色，可预先在玻璃内部设计图案或文字。多用于家居空间的隔墙装饰
印花玻璃		表面有花纹图案，可透光，但能遮挡视线，具有透光不透明的特点，有优良的装饰效果。主要用于门窗、室内间隔、卫浴等处
彩绘玻璃		用特殊颜料直接着墨于玻璃上，或者在玻璃上喷雕成各种图案再加上色彩制成，可逼真地对原画进行复制，所绘图案一般都具有个性。适合别墅等豪华空间做隔断或墙面造型
夹层玻璃		安全性好，破碎时玻璃碎片不零落飞散，只能产生辐射状裂纹，不伤人。冲击强度优于普通平板玻璃。多用于与室外邻接的门窗、玻璃幕墙、天窗等

续表

种类		特点
镶嵌玻璃		能体现家居空间的变化，可以将彩色图案的、雾面朦胧的、清晰剔透的玻璃任意组合，再用金属丝条加以分隔
磨砂玻璃		由于表面粗糙，使光线产生漫反射，透光而不透视，它可以使室内光线柔和而不刺目。常用于需要隐蔽的空间，如卫浴间的门窗及隔断
冰花玻璃		冰花玻璃对通过的光线有漫反射作用，如作门窗玻璃，犹如蒙上一层纱帘，看不清室内的景物，却有着良好的透光性能，具有较好的装饰效果。常用于家居隔断、屏风以及卫浴间的门窗
砂雕玻璃		各类装饰艺术玻璃的基础，它是流行时间最广、艺术感染力最强的一种装饰玻璃，具有立体、生动的特点。可用于家庭装修中的门窗、隔断、屏风
水珠玻璃		水珠玻璃也叫肌理玻璃，使用周期长，可登大雅之堂，它是以砂雕玻璃为基础，借助水珠漆的表现方法加工成型，似热熔玻璃的一种新款艺术玻璃。可用于家庭装修中的门窗、隔断、屏风

（5）玻璃砖

玻璃砖是一种隔声、隔热、防水、节能、透光良好的非承重装饰材料。它是由两块厚度约为 1cm 的玻璃合制而成的，中间有约为 6cm 的中空空间，在采光上，无色玻璃的透光率为 75%，彩色玻璃的透光率为 50%，可隔绝一半的室外温度，可降低噪声达 45dB 左右。可依照尺寸的变化在家中设计出直线墙、曲线墙以及不连续墙。玻璃砖分为无色和彩色，均适用于现代风格，其中彩色玻璃砖还适用于田园风格、混搭风格等。多数情况下，玻璃砖并不作为饰面材料使用，而是作为结构材料，如作为墙体、屏风、隔断等类似功能设计的材料使用。

无色玻璃砖

彩色玻璃砖

玻璃砖的用途

用于外墙

既具备墙的实体，又具备窗的通透，同时透光、隔声、防火，一举多得

作为隔断

用玻璃砖墙来做隔断，既能分割大空间，又可保持大空间的完整性；既能达到私密效果，又能保持室内的通透感。家居、办公场所等都是应用玻璃砖的理想场合

用于走廊与通道

应用于走廊很好地解决了采光与安全的矛盾，只需要一面玻璃砖墙，就能改变狭窄通道区域带给人的压抑感

用于镶嵌与点缀

玻璃砖有规则地点缀于墙体之中，能够去掉墙体的死板、厚重之感，让人感觉到整个墙体重量减轻。可以充分利用玻璃砖的透光性，将光线共享

用于顶棚与地板

利用玻璃砖来处理地面和顶棚，不仅可以为整个楼面营造出晶莹剔透之感，而且提供了良好的光线

2 玻璃的选购

（1）烤漆玻璃的选购

※ **看色差。**透明或白色的烤漆玻璃并非完全是纯色或透明的，而是带有些许绿光，所以要注意玻璃和背后漆底所合起来的颜色，才能避免色差的产生。

※ **看色彩。**品质好的烤漆玻璃，正面看色彩鲜艳，纯正均匀，亮度佳，无明显色斑。

※ **看背面漆膜。**品质好的烤漆玻璃，背面漆膜十分光滑，没有或者有很少的颗粒凸起，没有漆面“流泪”的痕迹。

※ **看厚度。**根据不同用途，选购烤漆玻璃的厚度有所区别，用于厨卫壁面的首选厚度是 5 mm，若做轻间隔或餐桌面，则建议选购 8~10mm 厚的烤漆玻璃。

（2）镜面玻璃的选购

※ **查看表面。**查看镜面玻璃的表面是否平整、光滑且有光泽。

※ **看透光率和厚度。**镜面玻璃的透光率大于 84%，厚度为 4~6mm，选购时应确认是否达标。

※ **看背面漆膜。**品质好的镜面玻璃，背面漆膜十分光滑，没有或者有很少的颗粒凸起，没有刮伤的痕迹。

∧ 玻璃砖给空间带来光亮感，而且防水防潮，易于打理，适合用在卫浴间的隔断中

（3）钢化玻璃的选购

※ **看色斑**。戴上偏光太阳眼镜观看玻璃，钢化玻璃应该呈现出彩色条纹斑。在光的下侧看玻璃，钢化玻璃会有发蓝的斑。

※ **测手感**。钢化玻璃的平整度会比普通玻璃差，用手使劲摸钢化玻璃表面，会有凹凸的感觉。

※ **看弧度**。观察钢化玻璃较长的边，会有一定弧度。把两块较大的钢化玻璃靠在一起，弧度将更加明显。

※ **提前测量**。钢化后的玻璃不能进行再切割和加工，因此玻璃只能在钢化前加工至需要的形状，然后进行钢化处理。若计划使用钢化玻璃，则需测量好尺寸再购买，否则容易造成浪费。

（4）艺术玻璃的选购

※ **看厚度**。选购时最好选择钢化的艺术玻璃，或者选购加厚的艺术玻璃，如10 mm、12 mm 等，以降低破损率。

※ **看图案**。定制化的艺术玻璃并非标准产品，尺寸、样式的挑选空间很大，有时也没有完全相同的样品可以参考，因此最好到厂家挑选，找出类似的图案样品参考，才不会出现想象与实际差别过大的状况。

（5）玻璃砖的选购

※ **看纹样和色彩**。通过观察玻璃砖的纹路和色彩可以简单地辨别出玻璃砖的产地，意大利、德国进口的产品因细砂品质佳，会带一点淡绿色；从印度尼西亚、捷克进口的产品感觉比较苍白。

※ **看工艺**。玻璃砖的外观不允许有裂纹，玻璃坯体中不允许有不透明的未熔物，不允许两个玻璃体之间的熔接及胶接不良。

※ **看角度**。玻璃砖大面外表的面，里凹应小于 1 mm，外凸应小于 2 mm，重量应符合标准，无表面翘曲及缺口、毛刺等质量缺陷，角度要方正。

思考与巩固

1. 镜面玻璃有哪几种色彩？

2. 艺术玻璃有哪些类型？分别适用于什么区域？

三、其他壁面材料

学习目标	本小节重点讲解墙面材料的类别以及作用。
学习重点	了解墙贴、墙面软包的作用及施工要点。

1 墙贴的特征及作用

墙贴是已设计和制作好现成图案的不干胶贴纸，只需要动手贴在墙上、玻璃或瓷砖上即可。墙贴可以搭配整体的装修风格，以及主人的个人气质，彰显出主人的生活情趣，给家赋予新的生命，也引领新的家居装饰潮流。

装饰墙贴与传统壁纸的区别：传统壁纸是家居装修整体风格的一部分，而墙贴却是家居装饰的局部点缀；传统壁纸施工复杂，且随着时间变化容易出现脱落等问题，而装饰墙贴具有粘贴无气泡、视觉立体、环保无痕等优点。

∧ 趣味性的墙贴

2 墙面软包的特征及作用

软包是指一种用柔性材料包装室内墙表面的装饰方法。它所使用的材料质地柔软，色彩柔和，能够柔化整体空间氛围，其纵深的立体感亦能提升家居档次。除了美化空间的作用外，更重要的是它具有阻燃、吸声、隔声、防潮、防霉、抗菌、防静电、防撞的功能。以前，软包大多应用于高档宾馆、会所、KTV 等地方，在家居中不多见。而现在，一些主题墙如电视背景墙、沙发背景墙、床头背景墙等区域也常使用软包。

∧ *床头背景墙采用软包，可吸声、防撞*

3 软包施工应注意的问题

01

基层处理

墙面基层应涂刷清油或防腐涂料，严禁用沥青油毡做防潮层。

02

安装木龙骨

木龙骨竖向间距为400mm，横向间距为300mm；门框竖向正面设双排龙骨孔，距墙边为100mm，孔直径为14mm，深度不小于40mm，间距为250~300mm。木楔应做防腐处理且不削尖，直径应略大于孔径，钉入后端部与墙面齐平。如墙面上安装开关插座，在铺钉木基层时应加钉电气盒框格。最后，用靠尺检查龙骨面的垂直度和平整度，偏差应不大于3mm。

03

安装三合板

在铺钉三合板前应在板背面涂刷防火涂料。木龙骨与三合板接触的一面应抛光，使其平整。用气钉枪将三合板钉在木龙骨上，三合板的接缝应设置在木龙骨上，钉头应埋入板内，使其牢固平整。

04

安装软包面层

在木基层上画出墙、柱面上软包的外框及造型尺寸，并按此尺寸切割九合板，按线拼装到木基层上。其中九合板钉出来的框格即为软包的位置，其铺钉方法与三合板相同；按框格尺寸，裁切出泡沫塑料块，用建筑胶黏剂将泡沫塑料块粘贴于框格内；将裁切好的织锦缎连同保护层用的塑料薄膜覆盖在泡沫塑料块上，用压角木线压住织锦缎的上边缘，在展平织锦缎后用气钉枪钉牢木线，然后绷紧展平的织锦缎，钉其下边缘的木线，最后，用刀沿木线的外缘裁切下多余的织锦缎与塑料薄膜。

思考与巩固

1. 墙贴可大面积使用吗？

2. 墙面软包主要应用于家装中的哪些区域？

第九章 厨卫设备

厨房、卫浴间是用火、用水的重要场地，也是家庭中最容易“杂乱不堪”的空间，其空间的规划和设备的运用是装修的重中之重，应格外熟悉和重视。

一、整体橱柜

学习目标	本小节重点讲解整体橱柜以及厨房的电器特点和选购要点。
学习重点	了解整体橱柜的构成以及各种材料的优缺点。

1 整体橱柜的构成及材料

整体橱柜的特点是将橱柜与操作台以及厨房电器和各种功能部件有机地结合在一起，并按照业主家中的厨房结构、面积以及家庭成员的个性化需求，通过整体配置、整体设计、整体施工，最后形成成套产品，实现厨房工作中每一道操作程序的整体协调。

（1）橱柜台面

橱柜台面是橱柜的重要组成部分，日常操作都要在其上面完成，所以要求方便清洁、不易受到污染，卫生、安全。除了关注质量外，色彩应与橱柜以及厨房整体相配合，塑造舒适的效果，也能够让烹饪者有一个愉快的心情。

种类		优点	缺点
天然石台面		耐高温、防刮伤性能十分突出，耐磨性能好，造价也比较低，属于经济实惠的一种台面材料	纹理中存在缝隙，易滋生细菌；存在长度限制，两块拼接有缝隙；弹性不足，如遇重击或温度急剧变化会出现裂缝
人造石台面		其变形、黏合、转弯等部位的处理有独到之处；花色丰富，整体成型，并可反复打磨翻新。表面没有孔隙，抗污力强，油污、水渍不易渗入其中；可任意长度无缝粘接	自然性显然不足，纹理相对较假；价格较高
不锈钢台面		防火、防潮、防化学品侵蚀、耐磨损、易清洁、抗菌再生能力强、环保无辐射	台面各转角部位和结合处缺乏合理、有效的处理手段，不太适用于管道多的厨房

续表

种类		优点	缺点
石英石台面		花纹自然，美观亮丽，质地更为坚硬，耐酸碱、耐腐蚀、耐高温、耐油污性能比普通的石材要好	形状过于单一，造型样式较少；价格高

（2）橱柜柜体

橱柜柜体起到支撑整个橱柜柜板和台面的作用，它的平整度、耐潮湿的程度和承重能力都影响着整个橱柜的使用寿命。即使台面材料非常好，如果橱柜柜体受潮变形也很容易导致台面变形、开裂。

● **复合多层实木**。复合多层实木柜体的橱柜适合对环保要求较高，需要实用性及使用寿命较长的家庭，综合性能较佳，且能在重度潮湿环境中使用。

● **防潮板**。防潮板可在重度潮湿环境中使用，因其有木质长纤维，加上防潮剂，浸泡膨胀到一定程度后就不再膨胀。板面较脆，对工艺要求高。

● **细木工板**。细木工板幅面大，易于锯裁，不易开裂，板材本身具有防潮、握钉力较强、便于综合使用与加工等特点，韧性强、承重能力强，是木工橱柜的主要材料。

● **刨花板（颗粒板）**。刨花板是环保型材料，能充分利用木材原料及加工剩余物，成本较低。其特点是幅面大，表面平整，易加工，但普通产品容易吸潮、膨胀。刨花板表面覆贴三聚氰胺或装饰木纹纸以及进行喷涂处理后，已被广泛应用在板式家具生产制造上，其中也包括现代橱柜家具生产方面。

● **中密度纤维板**。中密度纤维板是将经过挑选的木材原料加工成纤维后，施加脲醛树脂和其他助剂，经特殊工艺制成的一种人造板材。中密度纤维板表面平整，易于粘贴各种饰面，可以使橱柜柜体更加美观，在耐弯曲方面优于刨花板，但不如刨花板环保。

● **模压板**。模压板色彩丰富，木纹逼真，单色色度纯艳，不开裂、不变形，不需要封边，解决了封边时间长后可能会开胶的问题。但不能长时间接触或靠近高温物体，同时设计主体不能太长、太大，否则容易变形。此外温度过高容易灼伤板材表面薄膜。

（3）橱柜门板

烤漆门板

市面上的很多橱柜都是烤漆型的，其形式多样，色泽鲜亮美观，有很强的视觉冲击力。烤漆门板多以密度板作为基材，背面为三聚氰胺，表面经多次喷烤漆高温烤制而成。一般分为 UV 烤漆、普通烤漆、钢琴烤漆、金属烤漆等，不同做法其效果也不同。

实木门板

实木板其门框为实木，以樱桃木色、胡桃木色、橡木色为主。门芯为中密度板贴实木皮，制作中一般在实木表面做凹凸造型，外喷漆，从而保持了原木色且造型优美。这样既可以保证实木的外观，边框与芯板组合又可以保证门板强度。过于干燥和潮湿的环境都不适合实木，所以保养起来比较麻烦，耐酸碱性差。

模压板门板

模压板门板色彩丰富，木纹逼真，单色色度纯艳，不开裂、不变形，不需要封边，解决了封边后一段时间可能会开胶的问题，但不能长时间接触或靠近高温物体。

水晶板门板

水晶板门板多由白色防火板和亚克力（聚甲基丙烯酸甲酯，下同）制成，是一种塑胶复合材料。颜色鲜艳、表层光亮且质感透明鲜亮，但耐磨、耐刮性较差，长时间受热易变色，适合喜欢光亮质感的人群。

防火板

防火板色彩选择多样，价格低，适合普通家庭使用。橱柜用防火板多为刨花板、防潮板或密度板作基材，防火板贴面。门板为平板，无法创造凹凸、金属等立体效果。

金属门板

金属门板属于新型橱柜门板材料，价格昂贵；风格感过强，应用不广泛，非常适合现代风格和前卫风格的厨房。

（4）橱柜五金

橱柜的五金配件是橱柜的重要组成部分之一，是不可忽视的一部分，五金配件直接影响着橱柜的综合质量。选用不合格的五金配件会导致橱柜使用时间过短（可能几个月门就掉下来，因为五金配件破损），非常麻烦、费时，所以五金配件应该进行仔细选择。

铰链

铰链在平时橱柜门频繁的开关过程中，起到绝对作用。它不仅要将柜和门连接起来，而且单独承担储物柜门重量，如果质量不合格，一段时间后就会失去作用，导致门闭合不上。

抽屉滑轨

连接抽屉与柜体，重要性仅次于铰链，一定要购买质量优的产品，虽然价格会高一些，但是能够保证使用的期限。可选择带有阻尼的产品，关闭时没有声音。

拉篮

拉篮的存在可以使每天取用物品的过程变得简单，拉篮具有较大的储物空间，而且可以合理切分空间，内部的物品也能轻松取用。可以使用抽屉式拉篮，也可以将拉篮安装在柜门上。

拉手

拉手起到开合橱柜的承接作用，质量好、款式佳的拉手不但使用起来很方便，而且对橱柜的整体感起到画龙点睛的作用。根据橱柜风格和颜色搭配合适的款式。现代风格的橱柜也可以做免拉手设计。

餐具篮

钢具刀叉盘的尺寸精确，对于橱柜抽屉的保养和使用，有其不可取代的作用。拉开后餐具一目了然，使用安全、快捷。刀具、叉、匙较多的家庭适合安装餐具篮。

（5）水槽

水槽是厨房中不可缺少的一种器具，它承担着清洗碗筷以及食物的作用，从实用性角度来说，不锈钢水槽的性价比最高，最耐用；陶瓷水槽的装饰效果比较好，比较温润，但容易被损坏，适合追求高品质生活的家庭。

不锈钢水槽

很多家庭使用不锈钢水槽，其金属质感颇有些现代气息，非常时尚。同时不锈钢还易于清洁，面板薄，重量轻。在价格上，从几百元到几千元不等。

陶瓷水槽

一般由铸铁制成，再涂上搪瓷漆，易于清洗，色彩较多。但耐久性不佳，使用化学清洁剂可能损坏搪瓷漆表面。

（6）油烟机

油烟机可以将炉灶燃烧的废物和烹饪过程中产生的对人体有害的油烟迅速抽走，排出室外，减少污染，净化空气，并有防毒和防爆的安全保障作用。

类别	功能	优点	缺点
中式油烟机	采用大功率电动机，有一个很大的集烟腔和大涡轮，为直接吸出式，能够先把上升的油烟聚集在一起，再经过油网，将油烟排出去	生产材料成本低，生产工艺也比较简单，价格适中	占用空间大，噪声大，容易碰头、滴油；使用寿命短，清洗不方便
欧式油烟机	利用多层油网过滤（5~7层），增加电动机功率以达到最佳效果，一般功率都在300W 以上	外观优雅大方，吸油效果好	价格昂贵，不适合普通家庭，功率较大
侧吸式油烟机	利用空气动力学和流体力学设计，先利用表面的油烟分离板将油烟分离，再排出干净空气	抽油效果好，省电，清洁方便，不滴油，不易碰头，不污染环境	不易很好地和家居整体融合

（7）灶具

灶具是大多数家庭必备的厨房用具，由于燃气是易燃品，所以对灶具的安全问题一定要注意，提高警惕。使用不合格的灶具或者不合理地使用灶具特别容易导致燃气泄漏、爆炸。选择灶具时首先要清楚自己家里所使用的气源，是天然气（代号为T）、人工煤气（代号为R）还是液化石油气（代号为Y）。由于三种气源性质上的差异，因此器具不能混用。

类别		功能	优点	缺点
钢化玻璃台面灶具		钢化玻璃是一种安全玻璃，为提高玻璃的强度，通常使用化学或物理方法，增强玻璃的耐冲击性	面板具有亮丽的色彩、美观的造型，易清洁	耐热性、稳定性不如不锈钢材料好，若安装和使用不当更容易引发爆裂
不锈钢台面灶具		不锈钢是一种耐空气、蒸汽、水等弱腐蚀介质和酸、碱、盐等化学侵蚀性介质腐蚀的钢材	耐热、耐压、强度高、经久耐用，质感好，耐刷洗、不易变形	不易清洗，容易划伤，颜色比较单一
陶瓷台面灶具		陶瓷是以黏土为主要原料，并配合各种天然矿物经过粉碎混炼、成型和煅烧制得的材料，耐高温、耐腐蚀	在易清洁性和颜色选择方面具备其他材质不可比拟的优势，独特的质感和视感使其更易与大理石台面搭配	价格较高，一般档次的陶瓷面板色泽较黯淡，装饰效果不太好

2 整体橱柜的选购与尺寸

（1）整体橱柜的选购

※ **板材的封边**。优质橱柜的封边细腻、光滑、手感好，封线平直光滑，接头精细。专业大厂用直线封边机一次完成封边、断头、修边、倒角、抛光等工序，涂胶均匀，压贴封边的压力稳定，尺寸精确。而作坊式小厂生产出来的封边凸凹不平，封线波浪起伏，甚至封边有划手的感觉，很容易出现短时间内开胶、脱落的现象。

※ **打孔**。现在的板式家具都是靠三合一连接件组装的，这需要在板材上打很多定位连接孔。孔位的配合和精度会影响橱柜箱体的结构牢固性。

※ **外形要美观**。橱柜的组装效果要美观，缝隙要均匀。生产工序的任何尺寸误差都会表现在门板上，专业大厂生产的门板横平竖直，且门间间隙均匀；而小厂生产的橱柜，门板有时会出现门缝不平直、间隙不均匀，有大有小，甚至门板不在一个平面上的情况。

※ **五金配件**。五金配件的好坏，直接决定着橱柜的品质及使用寿命。在选择橱柜时，不妨首先看一看它所使用的五金配件品牌。如果经济条件允许，可以选用高档五金配件产品。

※ **检测报告**。整体橱柜也是家具产品，国家有明文规定要出具成品检测报告并明示甲醛含量。有的厂家只能提供原材料检验报告，但原材料环保不等于成品环保，只有成品合格才能证明其产品合格。因此消费者在购买时可以向商家索要检测报告，也可以把商家出示的检测报告编号记录下来，打电话到质检部门核查真伪。

（2）厨房常用设计尺寸

名称	尺寸 / mm	名称	尺寸 / mm
地柜高度	780~800	柜体拉篮	150、200、400、600
地柜宽度	600~650	灶台拉篮	700、800、900
吊柜宽度	300~450	踢脚板高度	80
吊柜高度	600~700	消毒柜 80L、90L	585×600×500
吊柜底面与操作台的距离	600	消毒柜 100L、110L	585×650×500

3 整体橱柜的规划与安装

（1）合理划分功能区域

中餐备餐时不能缺少切菜的空间，现在很多户型厨房的空间都比较小，很多业主重视洗菜的空间而忽视了切菜的空间，导致后期使用不便。正常需要切菜的操作台宽度建议不低于80cm，所以选择水槽和燃气灶时要注意尺寸。

1 操作区域应位于水槽和燃气灶中间，三者最好位于同一操作线上，如果空间小，水槽不宜一味地追求大，只要够用就可以

2 如果允许，冰箱应临近操作台，取出的食物可以直接放在操作台上。如果可以，操作区域可以放在窗前，能够使做饭的人保持开阔的视野，更人性化

3 做吊柜之前，应事先定出油烟机的位置和款式，最好提前购买，测量尺寸时将其悬挂起来，使测量更准确

4 如果厨房矮小，可以适当地拉大吊柜和地柜之间的距离，否则会让人感觉更压抑

5 如果厨房不是特别高，建议吊柜紧贴吊顶，这样可以避免柜子上面堆积灰尘，如果上方留空，清理不方便，很容易藏污纳垢

6 找木工做橱柜，如果担心之后的五金配件不好装，可以事先购买五金配件，如拉篮等，而后根据拉篮的大小做地柜的分隔

（2）整体橱柜安装注意事项

01

安装地柜先测水平

无论是购买橱柜还是现场制作橱柜，在安装和制作地柜前，都应先将地面清理干净，而后用水平尺测量地面、墙面的水平度。若橱柜与地面不能完全平行，柜门的缝隙就无法平衡，很容易出现缝隙或者开合不完全的情况。

02

找出基准点

L 形或者 U 形地柜，安装或现场制作前需要先找出基准点。L 形地柜应从拐角的地方向两边延伸，U 形地柜则是先将中间的一字形柜体确定好，而后从两个直角处向两边延伸，如此操作可以避免出现缝隙。之后对地柜进行找平，通过地柜的调节腿调节地柜水平度；如果是现场制作，则找平边框。

03

地柜连接很重要

整体橱柜安装时需要对地柜与地柜之间进行连接，这一步很重要。一般柜体之间需要 4 个连接件进行连接，以保证柜体之间的紧密度。一定要注意不能使用质量差的自攻螺钉进行连接，自攻钉不但影响橱柜美观，而且连接不牢固，影响整体坚固度。

04

吊柜先画线

无论是购买还是自制，吊柜都需要安装，安装吊柜时需要在墙上固定膨胀螺栓，首先在墙上画出水平线，以保证膨胀螺栓的水平度。通常地柜与吊柜的间距为 650mm 左右，可根据使用者的身高做调整，而后确定膨胀螺栓的位置。

05

吊柜也需调整水平

安装吊柜同样需要用连接件将柜体连接起来，保证紧密、坚固。吊柜安装完毕后，同样需要调整吊柜的水平度，吊柜的水平度不仅影响整体美观，而且可以避免因不平而导致变形。

06

最后安装台面

通常来说，台面安装会与柜体安装相隔一段时间，等待面层油漆完成后再安装，这样有利于避免地柜安装后出现的尺寸误差，保证台面测量尺寸的准确，使台面更合适，减小变形率。

思考与巩固

1. 油烟机有哪些类型？分别有什么优缺点？
2. 整体橱柜选购应注意哪些问题？

二、卫浴洁具及五金配件

学习目标	本小节重点讲解卫浴洁具以及卫浴五金配件的主要类别特点、选购技巧以及安装注意事项。
学习重点	了解卫浴洁具的常见类别及相关的优缺点。

1 卫浴洁具的类别及特点

家庭装修中，卫浴洁具的造型及其配套协调性占据十分重要的地位。随着生活水平的提高，卫浴间的布置和装饰也同样受到了重视，各种人性化、多功能、造型多样的卫浴产品应运而生。

（1）浴缸

亚克力浴缸

亚克力浴缸缸体由面层（亚克力层）和里层（玻璃纤维树脂加固层）复合而成。特点是造型丰富、重量轻、表面光洁度好，而且价格低廉。但由于亚克力材料耐高温、耐压、耐磨能力差，硬物及尖锐物体直接与浴缸碰撞，容易造成损坏。

铸铁浴缸

铸铁浴缸采用铸铁制造，表面覆搪瓷，重量非常大，使用时不易产生噪声。但是颜色造型单一，价格过高，缸体沉重，安装与运输难。而且因为铸铁良好的导热性能，铸铁浴缸的保温性也较差。

实木浴缸

实木浴缸通常选用木质硬、密度大、防腐性能佳的材质，如云杉、橡木、松木、香柏木等，以香柏木的最为常见。实木浴缸保温性好，材质天然环保，耐磨性强，清洗方便，能迅速达到消除疲劳、恢复体力、增强心肺功能、促进血液循环的功效。

按摩浴缸

主要通过电机运动，使浴缸内壁喷头喷射出混入空气的水流，造成水流的循环，从而对人体进行按摩，具有健身治疗、缓解压力的作用。按摩浴缸主要由两大部分组成，即缸体和按摩系统。按摩浴缸的缸体材料多为钢材或亚克力；而按摩系统，由缸内看得见的喷头与浴缸后面隐藏的管道、电机、控制盒等组成。

材料实战解析

按摩浴缸起到按摩作用的是喷头，缸底的喷头主要是为了按摩背部，缸壁的喷头主要为了按摩脚底、身体两侧与肩部。根据喷头的配置，一般分单系统与组合系统两类：单系统，有单喷水与单喷气两种模式；组合系统，是指喷水与喷气结合。除了喷头外，电机的好坏也非常重要。电机是按摩浴缸的“心脏”，但它装在隐蔽处，可以通过听声音来判断质量。好的电机声音很小，而差的电机声音很大，甚至能听见明显的噪声。为了避免漏电，还要仔细查看喷嘴、管道的接口是否严密。

（2）洗面盆

洗面盆的种类、款式、造型非常丰富，按造型可分为台下盆、台上盆、立柱盆、挂盆和一体盆，按材质可分为玻璃盆、不锈钢盆和陶瓷盆。洗面盆价格相差悬殊，档次分明，影响洗面盆价格的主要因素有品牌、材质与造型。

台下盆

台下盆指洗面盆镶嵌在台面以下的类型。此类洗面盆易清洁，可在台面上放置物品。对安装要求较高，台面预留位置尺寸大小一定要与盆的大小相吻合，否则会影响美观。台下盆较适合中、大面积的卫浴间，需安装在实体墙上。

台上盆

台上盆的洗面盆在台面上，安装方便，可在台面上放置物品。洗面盆与台面衔接处处理得不好容易发霉。其装饰效果好，艺术盆多为此类。

立柱盆

立柱盆非常适合空间不足的卫浴间安装使用，立柱具有较好的承托力，一般不会出现盆身下坠变形的情况。其占地面积小，造型优美，通风性好，适合小型卫浴间。

挂盆

挂盆也是一种非常节省空间的洗脸盆类型，其特点与立柱盆相似，对于入墙式排水系统一般可考虑选择挂盆。其适合小卫浴间，需要安装在实体墙上。

一体盆

一体盆的含义是盆体与台面一体，也就是一次加工成型的，这是它与其他面盆的主要区别之处。其优点是一体成型，易清洁，不发霉。如果采用悬挂式，需要考虑墙体承重问题；如果采用落地式，则不考虑墙体承重问题。

（3）坐便器

坐便器的使用频率很高，家里的每个人都会使用它，它的质量好坏直接关系到生活品质。它的价位跨度非常大，从百元到数万元不等，主要是由设计、品牌和做工精细度决定的。坐便器按下水方式可分为"直冲式"和"虹吸式"；按结构可分为分体式、连体式和挂墙式三种。

虹吸式

虹吸式坐便器的结构是排水管道呈"∽"形，在排水管道充满水后会产生水位差，借水在坐便器排污管内产生的吸力将脏污排走。虹吸式坐便器的最大优点就是冲水噪声小，称为"静音"。从冲污能力上来说，虹吸式坐便器容易冲掉黏附在其表面的污物，因为虹吸的存水较高，防臭效果优于直冲式。但由于设计复杂，制作成本和售价均高于直冲式坐便器，而且较为费水。

直冲式

直冲式坐便器利用水流的冲力来排出脏污，池壁较陡，存水面积较小，冲污效率高，不容易造成堵塞。直冲式坐便器最大的缺陷就是冲水声大，另外由于存水面较小，易出现结垢现象，防臭功能不如虹吸式坐便器。直冲式坐便器在市场上品种比较少，选择面不如虹吸式坐便器广泛。

分体式

分体式坐便器水位高，冲力足，款式多，价格最大众化。分体式坐便器一般为冲落式下水，冲水噪声较大。分体式坐便器的选择受坑距的限制，如果排水管到墙的距离小于坑距很多，一般考虑在坐厕背后砌一道墙。分体式坐便器的水位高，冲洗力强，当然噪声也大。分体式坐便器的款式不如连体式美观。

连体式

连体式坐便器是指水箱与座体合二为一设计，体形美观、安装简单、选择丰富，一体成型，占据面积小，不容易藏污纳垢，但价格相对贵一些。连体式坐便器的造型更现代一些，相对于分体式水箱水位会低一点，用的水稍微多一些，价格比分体式普遍高。连体式坐便器一般为虹吸式下水，冲水静音。连体式坐便器不受坑距的限制，只要小于房屋坑距即可。

挂墙式

挂墙式坐便器因为水箱是嵌入式的，对质量要求非常高（坏了难以维修），价格也是最贵的。优点是不占空间，造型更时尚，在国外用得很多。一般来说，连体、分体、暗装水箱不容易损坏，主要是橡胶垫老化而产生的损坏。

(4) 浴室柜

浴室柜不像橱柜那样有相对固定的形式，它可以是任何形状，也可以摆放在任何恰当的位置，但一定要与浴室的整体设计相呼应。浴室柜的台面可分为天然石材、玉石、人造石材、防火板、烤漆、玻璃、金属和实木等；基材是浴室柜的主体，它被面材所掩饰。

独立式

独立式浴室柜适合单身公寓或外租式公寓，它非常小巧，不需要太多空间，但收纳、洗漱、照明能功能却一应俱全，同时易于打理。

组合式

组合式浴室柜既有开敞式的搁架，又有抽屉和平开门，可根据物品使用频率的高低和数量来选择不同的组合形式及安放位置，适合比较宽大的卫浴间。

对称式

对称式浴室柜带给人视觉上和功能上的平衡感，无论使用者习惯于用右手还是左手，都会找到顺手的一侧来摆放物品、毛巾。

开放式

开放式浴室柜对清洁度的要求比较高。这种形式在使用中很方便，物品一目了然，省去东翻西找的麻烦。开敞式结构适合密封性和干燥性好的卫浴间。

（5）妇洗器

妇洗器是专门为女性设计的洁具产品。妇洗器外形与坐便器有些相似，但又装了龙头喷嘴，有冷热水选择，有直喷式和下喷式两大类。不仅适合女性，同时也适合有痔疮的人群。

（6）淋浴房

淋浴房也就是单独的淋浴隔间，现代家居对卫浴设施的要求越来越高，许多业主都希望有一个独立的洗浴空间，但由于居室卫生空间有限，只能把洗浴设施与卫生洁具置于一室。淋浴房充分利用室内一角，用围栏将淋浴范围清晰地划分出来，形成相对独立的洗浴空间。淋浴房的作用是可以使卫浴间实现干湿分区，避免洗澡的时候水溅到其他洁具上面，能够使后期的清扫工作更简单、省力。

种类		特点
一字形		适合大部分空间使用，不占面积，造型比较单调、变化少
直角形		适合用在角落，淋浴区可使用的空间最大，适合面积宽敞一些的卫浴间
五角形		外观漂亮，比起直角形更节省空间，同样适合安装在角落中。另外，小面积卫浴间也可使用，但淋浴房中可使用面积较小
圆弧形		外观为流线型，适合喜欢曲线的业主；同样适合安装在角落中。但门扇需要热弯，价格比较贵

2 卫浴洁具的选购

（1）浴缸的选购

※ **依据空间大小选择。**浴缸的大小要根据浴室的尺寸来确定，如果确定把浴缸安装在角落里，通常来说，三角形（或扇形）的浴缸要比长方形的浴缸多占空间。

※ **看浴缸的深度。**尺码相同的浴缸，其深度、宽度、长度和轮廓并不一样，如果喜欢水深点的，溢出口的位置就要高一些。

※ **注意浴缸的裙边方向。**对于单面有裙边的浴缸，购买的时候要注意下水口、墙面的位置，还需注意裙边的方向，买错了则无法安装。

※ **安装淋浴喷头的浴缸。**如果浴缸之上还要加淋浴喷头，就要选择稍宽一点的浴缸，淋浴位置下面的浴缸部分要平整，且需经过防滑处理。

（2）洗面盆的选购

※ **看配件。**在选购洗面盆时，要注意支撑力是否稳定以及内部的安装配件螺钉、橡胶垫等是否齐全。

※ **看空间。**应该根据卫浴面积的实际情况来选择洗面盆的规格和款式。如果卫浴间面积较小，一般选择柱盆或角型面盆，可以增强卫浴的通透感；如果卫浴间面积较大，选择台盆的自由度就比较大，有沿台式面盆和无沿台式面盆都比较适用。

※ **选同系列风格。**由于洁具产品的生产设计往往是系列化的，所以在选择洗面盆时，一定要与已选的坐便器和浴缸等大件保持同样的风格系列，这样才具备整体的协调感。

（3）坐便器的选购

※ **坐便器越重越好。**普通坐便器质量为 25 kg 左右，好的坐便器为 50 kg 左右。简单测试坐便器质量的方法为双手拿起水箱盖，掂一掂它的质量。

※ **注意坐便器的釉面。**质量好的坐便器其釉面应该光洁、顺滑、无起泡，色泽柔和。检验外表面釉面之后，还应摸一下坐便器的下水道，如果粗糙，以后容易造成遗挂。

※ **大口径的排污效果更好。**大口径排污管道且内表面施釉，不容易挂脏，排污迅速有力，能有效预防堵塞。测试方法为将整个手放进坐便器口，一般能有一个手掌容量为最佳。

※ **检查坐便器是否漏水。**办法是在坐便器水箱内滴入蓝墨水，搅匀后看坐便器出水处有无蓝色水流出，如有则说明坐便器有漏水的地方。

（4）浴室柜的选购

※ **防潮**。就防潮性能而言，实木与板材防潮较差，实木中的橡木具有致密防潮的特点，是制作浴室柜的理想材料，但价格较贵。

※ **环保**。由于卫浴间空气不易流通，如果浴室柜的材料释放出有害物质，会对人体造成极大的危害，因此选用的浴室柜基材必须是环保材料。在选购浴室柜时，需打开柜门和抽屉，闻闻是否有刺鼻的气味。

（5）妇洗器的选购

※ **观察洁具表面**。在强光源照射下，近距离仔细观察。看表面的光泽度、表面是否有细小黑点、陶瓷表面针孔的大小以及表面的平滑度。

※ **使用水珠来检查洁具表面排污能力**。用手蘸取少量水，将水点到洁具表面，假如水珠像在荷叶上一样汇集起来并顺利滑落，则表明洁具表面很光滑。如果将水点到洁具表面，水向洁具表面扩展开来散成一片，则表明洁具表面的光滑度不够。

※ **关注产品的冲洗效果**。冲洗效果包括冲洗力度、喷头灵敏度、喷杆移动速度及冲洗范围。某些妇洗器也能实现冲洗功能，但是冲洗效果很差，反应速度慢，冲洗力度小，使用时甚至有很大的噪声，让享受变成忍受。

（6）淋浴房的选购

※ **看玻璃质量**。看淋浴房的玻璃是否通透，有无杂点、气泡等缺陷。淋浴房的玻璃可分为普通玻璃和钢化玻璃，大多数的淋浴房都使用钢化玻璃，其厚度至少要达到 5 mm，才能具有较强的抗冲击能力，不易破碎。

※ **看铝材的厚度**。合格的淋浴房铝材厚度一般在 1.2 mm 以上。铝材的硬度可以通过手压铝框测试，硬度合格的铝材，成人很难通过手压使其变形。

※ **看胶条是否封闭性好**。淋浴房的使用是为了干湿分区，因此防水性必须要好，密封胶条密封性要好，防止渗水。

※ **看拉杆的硬度是否合格**。淋浴房的拉杆是保证无框淋浴房稳定性的重要支撑，拉杆的硬度和强度是淋浴房耐冲击性的重要保证。建议不要使用可伸缩的拉杆，其强度偏弱。

3 卫浴洁具的安装注意事项

(1)洗面盆安装注意事项

● 洗面盆产品应平整无损裂。排水栓应有 直径不小于 8mm 的溢流孔。

● 排水栓与洗面盆连接时，排水栓溢流孔应尽量对准洗面盆溢流孔，以保证溢流部位畅通，镶接后排水栓上端面应低于洗面盆底。

● 托架固定螺栓可采用不小于 6mm 的镀锌开脚螺栓或镀锌金属膨胀螺栓(如墙体是多孔砖，则严禁使用膨胀螺栓)。

● 洗面盆与排水管连接后应牢固密实，且便于拆卸，连接处不得敞口。洗面盆与墙面接触部应用硅膏嵌缝。如洗面盆排水存水弯和水龙头是镀铬产品，在安装时不得损坏镀层。

材料实战解析

一般来说标准的洗面盆高度为 800mm 左右，这是从地面到洗面盆的上部来计算的，这个高度就是比较符合人体工学的高度。此外，具体的安装高度还要根据家庭成员的高矮和使用习惯来确定，要结合实际情况进行适当的调整。

(2)坐便器安装注意事项

● 给水管安装角阀高度一般为地面至角阀中心 250mm，如安装连体坐便器，应根据坐便器进水口离地高度而定，但不小于 100mm，给水管角阀中心一般在污水管中心左侧 150mm 或根据坐便器实际尺寸定位。

● 低水箱坐便器水箱应用镀锌开脚螺栓或用镀锌金属膨胀螺栓固定。如墙体是多孔砖，则严禁使用膨胀螺栓，水箱与螺母间应采用软性垫片，严禁使用金属硬垫片。

● 分体式及连体式坐便器水箱后背部离墙应不大于 20mm。

● 安装坐便器时应用不小于 6mm 的镀锌膨胀螺栓固定，坐便器与螺母间应用软性垫片固定，污水管应露出地面 10mm。

● 安装坐便器时应先在底部排水口周围涂满油灰，然后将坐便器排出口对准污水管口慢慢地往下压挤密实、填平整，再将垫片螺母拧紧，清除被挤出的油灰，在底座周边用油灰填嵌密实后立即用回丝或抹布揩擦清洁。冲水箱内溢水管高度应低于扳手孔 30 ~ 40mm，以防进水阀门损坏时水从扳手孔溢出。

（3）浴缸安装注意事项

● 在安装裙板浴缸时，其裙板底部应紧贴地面，在地面排水处应预留 250 ～ 300mm 的洞孔，便于排水安装，在浴缸排水端部墙体设置检修孔。

● 其他各类浴缸可根据有关标准或用户需求确定浴缸上平面高度，砌两条砖基础后安装浴缸。如在浴缸侧边砌裙墙，应在浴缸排水处设置检修孔或在排水端部墙上开设检修孔。

● 各种浴缸冷、热水龙头或混合龙头的高度应高出浴缸上平面 150mm 以上。安装时不要损坏镀铬层。镀铬罩与墙面应紧贴。

● 固定式淋浴器、软管淋浴器的高度可按有关标准或按用户需求安装。

● 浴缸安装上平面必须用水平尺校验平整，不得侧斜。浴缸上口侧边与墙面结合处应用密封膏填嵌密实。浴缸排水处与排水管连接应牢固密实，且便于拆卸，连接处不得敞口。

V 浴缸龙头高于浴缸 150mm 以上

4 卫浴五金配件的类别及特点

越小的五金配件发挥的作用往往越大，水龙头、地漏、花洒、置物架等虽然可以使用的位置不多，却是使用率很高的五金配件，很多人都是随意购买而不像其他大的配件那样讲究，这是一个错误的观念，不合格的五金配件很容易出现问题，需要频繁更换，非常影响使用。

（1）水龙头

老式的水龙头都采用螺旋式开启，由于螺旋式开启要旋转很多圈，比较麻烦，而且比较废水。因此后来又慢慢设计出了扳手式水龙头、按弹式水龙头、抽拉式水龙头和新式的感应水龙头。特别是目前新式的感应水龙头，使用非常方便，而且节水效果也比较明显。

扳手式

最常见也是最常用的水龙头款式，安装简单。分为单向扳手式和双向扳手式两种，前者只有一个扳手并能同时控制冷热水开关，后者有两个扳手，分别控制冷热水开关。卫浴间、阳台及厨房均可使用。

按弹式

此类水龙头通过按动控制按钮来控制水流的开关，与手的接触面积小，所以比较卫生，适合有孩子的家庭。

抽拉式

水龙头部分连接了一根软管，除了按照常规方式使用水龙头外，还可以将喷嘴部分抽拉出来到指定位置。卫浴间、阳台及厨房均可使用。

感应式

龙头上带有红外线感应器，当手移动到感应器附近时，就会自动出水，不用触碰水龙头，很卫生，特别适合有小孩的家庭使用。但其修理难度大，价格较高。

（2）花洒

花洒的质量直接关系到洗澡的畅快程度，如果购买的花洒出水时断时续且喷水不全，洗澡就会变成郁闷的事情。花洒的面积与水压有直接关系，一般来说，大的花洒需要的水压也大。花洒的安装高度，顶喷距地面高度以2m左右为佳，暗装手持花洒固定墙座高度一般为1.5m。需要注意的是，这些数据只是平均数据，实际安装花洒时，应依据使用者身高做相应调整。明装淋浴开关暗埋水管是左热右冷，中心间距应为150mm，墙面暗埋出水口要与瓷砖面平行，内部暗埋水管要垂直于墙面，花洒安装完毕后其应与墙面成90°角。

（3）淋浴柱

淋浴柱不同于花洒，它带有更多的功能性，能够在家里享受水疗的感觉。但要注意家中的水压，如果水压不足则无法发挥功效，一般水压为0.15～0.35MPa，如果水压不足，需要安装电机。其中金属面板的淋浴柱材料为铝合金或者铜镀铬，此类产品外观质感好，较能体现科技感、时尚感，适合现代风格的浴室。玻璃面板的淋浴柱主体材料为玻璃，美观但款式较少，比较重，产量少，可选择性少。

（4）地漏

无水封地漏

地漏是连接排水管道系统与室内地面的重要接口，作为住宅中排水系统的重要部件，它的性能好坏直接影响室内空气的质量，对卫浴间的异味控制非常重要。目前市场上地漏的材质主要分为三类：不锈钢地漏、PVC 地漏和全铜地漏。由于地漏埋在地面以下，且要求密封好，所以不能经常更换，因此选择适当的材质非常重要。不锈钢地漏因为无镀层、耐冲压，是比较受欢迎的一种；而 PVC 地漏价格便宜，防臭效果也不错，但是材质过脆，易老化，尤其北方的冬天气温低，用不了太长时间就需更换；全铜镀铬地漏的镀层厚，也是不错的选择。

水封地漏

根据内部结构，地漏可分为传统的水封地漏和无水封地漏。对于传统的水封地漏，由于水的蒸发，如果不能持续续水，水蒸发殆尽后，水封就自然失效了，还有就是排水不畅及难清理的问题。为解决以上的问题，地漏朝着两个方面改进：一是改造深水封，延长无续水状态下水封失效的时间；二是研制开发其他隔绝密封装置代替水封。无水封地漏是指通过机械或物理方式来防臭的款式，没有水封部分。

5 卫浴五金配件的选购

（1）水龙头的选购

※ **重量**。不能购买太轻的水龙头，重量轻是因为厂家为了降低成本，掏空内部的铜，龙头看起来很大，拿起来却不重，容易经受不住水压而爆裂。

※ **把手**。好的水龙头在转动把手时，水龙头与开关之间没有过大的间隙，而且开关轻松无阻，不打滑。劣质水龙头不仅间隙大，受阻感也大。

※ **听声音**。好的水龙头是整体浇铸铜，敲打起来声音沉闷。如果声音很脆，表明材料为不锈钢，档次较低。

※ **阀芯**。目前常见的阀芯主要有三种：陶瓷阀芯、金属球阀芯和轴滚式阀芯。陶瓷阀芯的优点是价格低，对水质污染较小，但陶瓷质地较脆，容易破裂；金属球阀芯具有不受水质的影响、可以准确控制水温、节约的特点；轴滚式阀芯的优点是手柄转动流畅，操作简便，手感舒适轻松，耐老化、耐磨损。

（2）花洒的选购

※ **看花洒的喷射效果**。从外表看，花洒形状看似相似，挑选时必须看其喷射效果。良好的花洒能保证每一个细小喷孔喷射均衡一致，在不同水压下能保证畅快淋漓的淋浴效果，挑选时可试水看其喷射水流是否均匀。

※ **看花洒的喷射方式**。花洒的内部设计也是各不相同的，在挑选手持花洒时，除了看其喷射效果外，手持花洒喷射方式还有激射、按摩之分，喷射方式多能带来更为理想的淋浴快感。

※ **看表面镀层**。花洒镀层的好坏，除了影响质量和使用寿命外，还影响平时的卫生清理。花洒一般表面镀铬，好的镀层能在150℃高温保持1h，不起泡、无起皱、无开裂剥落现象；24h乙酸盐雾检测不腐蚀。在挑选时可看其光泽度与平滑度，光亮与平滑的花洒说明镀层均匀，质量较好。

（3）地漏的选购

※ **水封**。有水封是水封地漏的重要特征之一。选用时应了解产品的水封深度是否达到50mm。侧墙式地漏、带网框地漏、密闭型地漏大多不带水封；防溢地漏、多通道地漏大多带水封，选用时应根据厂家资料具体了解清楚。对于不带水封的地漏，应在地漏排出管处配水封深度不小于50mm存水弯。此部件可由地漏生产厂家配置，或由安装地漏的施工单位设置。

※ **横截面**。地漏箅子面高低可调节，调节高度不小于35mm，以确保地面装修完成后的地漏面标高和地面持平。地漏设防水翼环，是为了达到地漏安装在楼板时的防水要求。带水封地漏构造要合理，流畅，排水中的杂物不易沉淀下来；各部分的过水断面面积宜大于排出管的截面积，且流道截面的最小净宽不宜小于10mm。

※ **功能**。应优先采用防臭、防溢型地漏。

思考与巩固

1. 洗面盆安装应注意哪些问题？
2. 地漏的选购要注意什么？

第十章 趋势新建材

随着科技的不断发展以及人们环保意识的不断增强，新型的装修材料随之而出现，它们大多非常环保，有的还能回收使用，帮助减少建筑垃圾，但此类材料的施工技术通常不是很成熟。

学习目标	本小节重点讲解新型建材的特征及运用。
学习重点	了解新型材料的优缺点及适用的空间。

1 吸音板

（1）吸音板的类别及特征

吸音板是指板状的具有吸音降噪作用的材料，吸音板的表面有很多小孔，声音进入小孔后，便会在结构内壁中反射，直至大部分声波的能量被消耗转变成热能，由此达到隔音的功能。吸音板具有吸音环保、阻燃、隔热、保温、防潮、防霉变、施工简便等优点，有丰富的颜色可供选择，可满足不同风格和档次的吸音装饰需求。

类别		特点
木质吸音板		木质吸音板是根据声学原理精致加工而成的，由饰面、芯材和吸音薄毡组成。木质吸音板分槽木吸音板和孔木吸音板两种。适合安装在电视背景墙面、顶棚等空间
木丝吸音板		表面以丝状纹理呈现出来，给人一种原始、粗犷、自然的感觉。表面也可做饰面喷色和喷绘处理，饰面颜色造型选择多样。适用于卧室墙面、卧室顶面等空间
矿棉吸音板		矿棉吸音板表面处理形式丰富，板材有较强的装饰效果。表面经过处理的滚花型矿棉板，俗称“毛毛虫”，表面布满深浅、形状、孔径各不相同的孔洞。适合用在会议室、影音室、电视墙等空间
布艺吸音板		布艺吸音板的核心材料是离心玻璃棉。离心玻璃棉作为一种在世界各地长期广泛应用的声学材料，被证明具有优异的吸声性能。适合安装在电视背景墙面、顶棚等空间
聚酯纤维吸音板		聚酯纤维吸音板的原料主要是聚酯纤维，具有吸音、环保、阻燃、隔热、保温、防潮、防霉变、易除尘、易切割、可拼花、施工简便、稳定性好、耐冲击能力好、独立性好、性价比高等优点，有丰富的颜色可供选择。广泛应用于博物馆、展览馆、图书馆、画廊、商场等空间

（2）吸音板的选购

※ **注意看性能检测报告**。吸音板上一般都会附带检测信息，可以根据信息来判断吸音效果。除了查看检测报告外，还要特别注意商家的资质、信用或者商誉，尽可能选择老牌子厂家，避免上当受骗，买到劣质产品。

※ **选择环保等级较高的产品**。环保等级低的吸音板不仅造成环境的污染，而且长期使用会逐渐危害到人体健康。

※ **看是否易安装**。吸音板商家说的隔音效果是吸音板在实验室中的检测值，专业人员表示，吸音板在实际工程中的隔音效果要比在实验室中的低。为了达到更好的隔音效果，消费者应尽量选择易于安装的吸音板。

※ **比较厚度和重量**。有些商家为了提高吸音板的隔音效果，不计后果地将吸音板加厚、加重。这样做可能会让隔音效果变差、安装起来更加困难、售价提高等，都是这一举措导致的。

※ **看是否防火**。如果安装吸音板的墙体需要耐高温的话，像厨房、车库等地方，最好选择防火等级在 B1 以上的吸音板，以消除安全隐患。

※ **注意防潮效果**。如果安装吸音板的墙面靠近卫生间、水龙头等潮湿的地方，应选择防水、防潮性能较好的吸音板，只有这样才能保证吸音板的使用寿命，否则隔音效果会逐渐减弱。

∧ 吸音板在顶面安装的效果

2 水泥板

（1）水泥板的类别和特征

水泥板是以水泥为主要原材料加工生产的一种建筑平板，介于石膏板和石材之间，可自由切割、钻孔、雕刻。它是一种环保型绿色建材，效果粗犷、质朴而又时尚，其特殊表面纹路可彰显高价值质感与独特品位，同时还具有同水泥一样经久耐用、强度高的特性。水泥板的色彩以灰色为主，具有粗犷而现代的装饰效果，因此适合用在具有简约感或粗犷感的工业、现代、时尚、简约、北欧等多种风格的室内空间中。

类别		特点
木丝水泥板	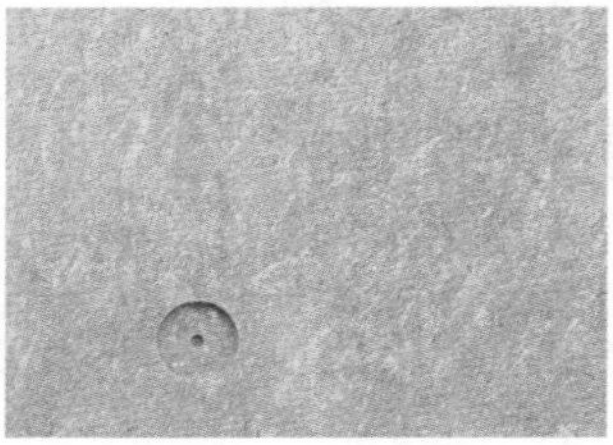	颜色清灰，双面平整光滑；结合了木料的强度、易加工性和水泥经久耐用的特点，与水泥、石灰、石膏配合性好；比较来说纹理较细腻，可看到丝状
美岩水泥板		也称为纤维水泥板，正反两面各具特色；正面纹路细腻，反面则立体感强；纹理可与岩石媲美；比较来说纹理较粗，类似岩石纹理
清水混凝土板		又称装饰混凝土、清水板；采用现浇混凝土的自然表面效果作为饰面；平整光滑，色泽均匀，棱角分明；抗紫外线辐照、耐酸碱盐的腐蚀且温和

（2）水泥板的搭配

水泥板在装修中追求极强的个性化装饰效果，可用水泥板墙面搭配玻璃和金属材质，如玻璃隔断、金属腿家具等，但此种组合容易显得过于冷硬，可加入一些暖色材质或软装做调节。

< 水泥板搭配木质材料可柔化冷漠感

< 水泥板搭配玻璃和金属的效果

思考与巩固

1. 水泥板有哪些类别？适用于什么空间？
2. 吸音板选购时应注意哪些问题？

3 玉石

（1）玉石的特征及类别

用于建筑中的玉石学名为“方解石玉 ”，是一种碳酸岩类石，又称“碳酸盐质玉”或“缟玛瑙玉”，俗称“大理石玉”，其质地精美，色泽莹润，深受人们喜爱。作为建筑石材，它有较高的质地硬度，表面光泽度好，纹路独特，通常用于建筑的外墙和内部装饰。它的颜色和纹理非常多样化，可以根据不同的需求进行选择。

类别	特点
英伦玉	不同深浅的咖啡色与白色交错，为带状条纹，纹理独特、层次分明，效果充满变换感，极具个性
黄色烟玉	颜色以米黄色为主，纹理如漂浮的青烟或白云，具有华丽而妖娆的装饰效果
竹节玉	颜色以绿色为主，质地细腻，纹理清晰、灵动、洒脱，可以烘托出生机盎然的氛围，具有自然感
绿玉	颜色呈青绿色，是自然界中比较稀少的玉石品种，适合做电视背景墙装饰
红龙玉	颜色为金黄色和红色穿插，纹理为彩条脉丝状，可利用其色泽和纹路进行拼接、追纹等设计
金蓝玉	色彩绚烂，白、蓝或红、橙交织，纹路不规则，有的纹路形似凤凰，极具华丽、大气之感

（2）玉石的选购

※ **看防污染能力**。可以在表面滴一两滴墨水，等半小时后用湿抹布擦拭。如果在表面上留下痕迹，表明其防污性能很差，如果在表面上几乎没有留下痕迹，表明其防污性能很好。

※ **看外观色泽**。玉石的外观颜色应该非常均匀，表面要有光滑的光泽。光泽度越高，表明抛光工艺越好，硬度越高，吸水率越低，耐磨性越好。

※ **尺寸偏差不能太**。四块玉石可以拼接在一起，看规格尺寸是否一致，有无明显错位现象。通常，每块瓷砖的尺寸误差不能大于 0.5mm，平整度需要大于 0.1mm，这在装修时不会造成任何困难。

（3）玉石的搭配

玉石以温润的质感和独特的光泽吸引了很多消费者的喜爱，在室内使用装饰，可以增加整个空间的奢华感，玉石的纹理比大理石的纹理夸张很多，可以利用纹理进行拼接、追纹等设计，作为点睛之笔，在选用玉石铺贴需要注意，适合装饰宽敞一些的空间，窄小的空间用玉石彰显不出它的气势，还会使空间更显拥挤。

> *背景墙采用对纹设计，提升了整个空间的品位*

4 软石地板

（1）软石地板的特征

软石地板是由天然大理石粉及多种高分子材料合成的新型高档建筑材料。软石地板外观与大理石很像，但比大理石地板更粗糙一些，有着独特的图案，还具有防滑、防火、阻燃的特点，是一种符合潮流的环保装饰材料。适用于舞台、室外花园、走廊地面、背景墙面等。

类别	特点
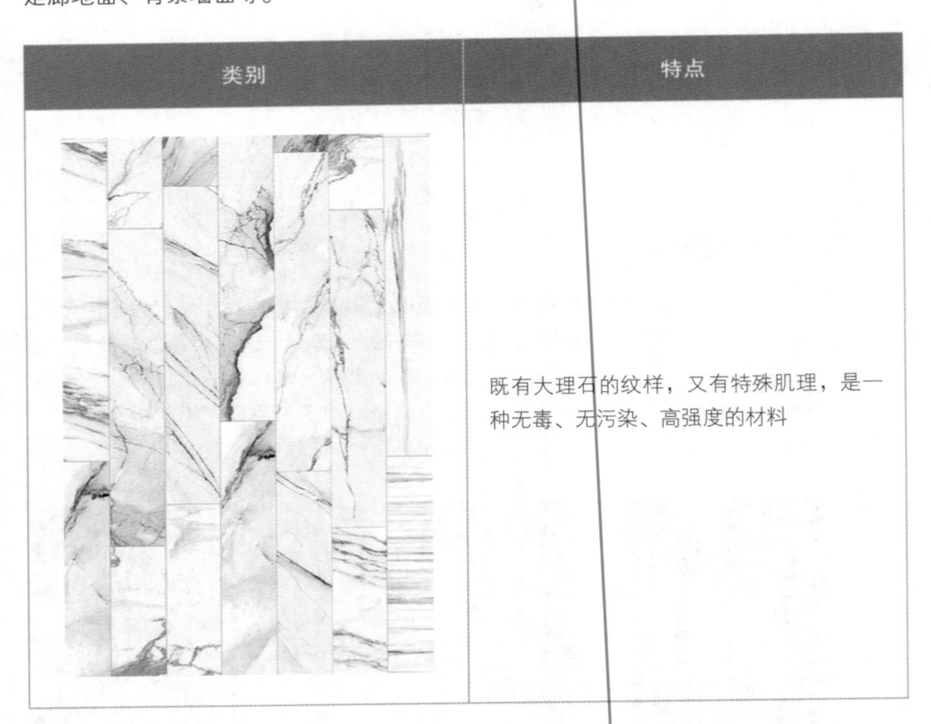	既有大理石的纹样，又有特殊肌理，是一种无毒、无污染、高强度的材料

材料实战解析

生产软石地板的主要原料是天然石粉，一般不含任何放射性元素，且软石地板只有2～3mm厚度，每平方米质量仅2～3kg，不足普通地面材料的10%。在高层建筑中对于楼体承重和空间节约，有着无可比拟的优势。软石地板的花纹丰富，效果好，不过易碎，铺在地面上容易被锐器划伤。

（2）软石地板的搭配

软石地板具有环保的特性，可重复利用，且有着天然大理石纹理，同时有很特别的图案存在，可以说是装修材料当中的新宠。软石地板还可以运用在走廊等地方，不仅防火、阻燃，还防滑。软石地板价格便宜，安装难度也不高。

> 软石地板铺设在走廊地面的效果

5 玻晶砖

（1）玻晶砖的特征

玻晶砖是以碎玻璃为主，掺入少量黏土等原料制作成的一种新型环保节能材料。因材料是由玻璃和结晶相构成的，集中了玻璃与陶瓷的特点，是一种既非石材也非陶瓷砖的材料。但具有比这两种材料更高的抗折强度、耐磨性和硬度，更容易清洁维护。

类别	特点
	具有浅色调的色泽，铺贴可显示出淡雅的装饰效果。可长期保持美观，而且容易清洁。适合装饰地面

材料实战解析

玻晶砖的产品性能优于水磨石、人造石、陶瓷砖，与烧结法微晶玻璃相当。它的莫氏硬度在6以上，高于水磨石；它的弯曲强度约为50MPa，远远大于水泥砌块；它的使用寿命比含有机物的人造石或石塑板要长得多；由于它的孔隙率比陶瓷砖小，因而更易清洁；因为可以废物利用、能耗低、工艺流程短和投资小，所以成本不到烧结法微晶玻璃的1/30。

（2）玻晶砖的搭配

玻晶砖是一种可回收再循环利用的新材料。可以做出天然石材和玉石两种效果，以多种颜色和不同规格形态，用于装饰地面、内外墙、人行道、广场或道路。

∧玻晶砖用于地面的铺贴效果

6 微晶石

（1）微晶石的类别及特征

微晶石表面特征和光泽感与天然玉石极其类似，质感晶莹剔透，但纹理更多样，与其他类型的瓷砖相比，有着更奢华、大气的装饰效果。其质地均匀、密度大、硬度高，耐压、耐弯、耐冲击等性能优于天然石材。但同时具有硬度低于抛光砖、划痕明显、遇到脏东西很容易显现等缺点。微晶石可装饰地面和墙面。

类别	特点
无孔微晶石	 也称人造汉白玉，多项理化指标均较优良 通体无气孔、无杂斑点、光泽度高 吸水率为零、可打磨翻新
通体微晶石	 也称微晶玻璃 无放射、不吸水、不腐蚀、不氧化、不褪色 不变形、强度高 无色差、光泽度高 表面如有破损，无法翻新打磨
复合微晶石	 也称微晶玻璃陶瓷复合板，光泽度 > 95% 结合了玻化砖和微晶玻璃板材的优点 色泽自然、晶莹通透、永不褪色 表面如有破损，无法翻新打磨

（2）微晶石的搭配

微晶石质地清澈素雅，玉质坚硬浑厚，虽然可以墙、地通用，但根据微晶石的缺点，大多用于墙面。微晶石用于做电视背景墙，可以呈现出高档石材的光泽和装饰效果，大面积的墙面中，单独使用容易显得平庸，可以将其放在中间部分，两侧搭配护墙板、木纹板等其他材料，来突出其主体地位。

（3）微晶石的施工

微晶石的施工方法可以分为干挂法和胶粘法，在墙面施工适合干挂法，在地面施工适合胶粘法。

干挂法可分为钢结构干挂法和点挂法两种形式。对于钢结构，需先安装钢骨架，再用干挂件连接钢骨架与石材；点挂法是在墙面安装扣件来连接石材，比前一种占用空间小、造价低，仅适用于现浇混凝土墙面。

胶粘法即为使用胶黏剂将微晶石粘贴在基层上的方式，可以使用弹性较好的有机胶施工。但因为微晶石的板块通常尺寸较大，为了避免掉落，建议调制混合胶浆铺贴，这种混合胶不仅有很强的吸附力，同时有一定的时间可以做粘贴调整。

∧用微晶石装饰电视背景墙，使其特点更为突出

7 微水泥

（1）微水泥的特征

微水泥是水泥中的一种，也是一种新型装饰材料。微水泥主要由水泥、水性树脂、石英等矿物质组成，具有强度高、厚度薄、无缝施工、防水防油等特点。相比传统的水泥，微水泥不但能作为基础施工材料使用，而且可以用于装饰内外墙面和地面，还可以装饰天花板、泳池、台面甚至全屋墙面都可以使用，除了应用在家装外，还可以应用在商场、办公、医院、图书馆等公共场合。

（2）微水泥的搭配

微水泥本身带有混凝土质朴的本色，有种朴素寂静的美。微水泥并非只有灰色水泥这种外观选择，而是拥有缎面、亚光、亮面等不同选择，色彩丰富，可配合不同风格，应用最多的还是工业风、现代风和侘寂风三种，根据不同空间来营造出良好的居住环境。

∧用微水泥装饰整个墙面，搭配简约家具，使空间呈现出一种回归自然的美感

思考与巩固

1. 玉石有哪些类别？可以用于墙面吗？
2. 微水泥有什么样的特征？